东北马鹿保护遗传学研究

Study on Conservation Genetics of Wapiti

田新民　著

中国农业出版社
农村读物出版社
北　京

图书在版编目（CIP）数据

东北马鹿保护遗传学研究 / 田新民著．—北京：中国农业出版社，2022.11
ISBN 978-7-109-30183-2

Ⅰ.①东…　Ⅱ.①田…　Ⅲ.①马鹿-动物保护-遗传学-研究-东北地区　Ⅳ.①Q959.842

中国版本图书馆 CIP 数据核字（2022）第 198127 号

中国农业出版社出版
地址：北京市朝阳区麦子店街 18 号楼
邮编：100125
责任编辑：刘　伟　尹　杭
版式设计：杨　婧　　责任校对：吴丽婷
印刷：北京印刷集团有限责任公司
版次：2022 年 11 月第 1 版
印次：2022 年 11 月北京第 1 次印刷
发行：新华书店北京发行所
开本：787mm×1092mm　1/16
印张：6.5　　插页：4
字数：200 千字
定价：48.00 元

前　言

当前全球正在经历着第六次物种大灭绝，这一次与天体运动无关，而是由人类活动造成的。其中生境的丧失与破碎化、人类的过度捕猎、疾病等已导致许多野生动物种群的数量下降、分布区缩减。产生的孤立小种群可能面临近交衰退、遗传多样性丧失和对环境适应性的下降，种群间遗传分化、基因流丧失使物种长期处于濒危状态，最终会面临物种灭绝的风险。人类也将因地球上生物多样性的丧失和生物资源的枯竭而面临生存危机。保护生物学致力于降低物种的灭绝速率和加强生物多样性保护，推动人类社会和经济的可持续发展。在长期的保护实践中，人们认识到遗传学在保护生物学中的重要性，也由此推动了保护遗传学的发展。保护遗传学是将遗传学的原理和方法运用于生物多样性的研究和保护的一门学科，其主要目标是保护物种的遗传多样性和进化潜力，特别是濒危种群和衰退种群。30 多年来，人们运用保护遗传学的原理和相关技术手段，对许多濒危物种的生存现状进行了精确描述，其研究成果已为政府主管部门、野生动物管理者或专业保护人员制定相应管理计划和保护措施提供了科学依据，并在这些濒危物种的保护方面起到了显著作用。

马鹿（*Cervus* spp.）是森林草原型动物，主要分布于亚欧大陆北部和北美大陆西部等山区，分为欧洲马鹿和亚洲/美洲马鹿两大类群。根据我国最新的动物分类标准，我国有 3 个马鹿物种分布：西藏马鹿（*C. wallichii*）、马鹿（*C. canadensis*）和塔里木马鹿（*C. yarkandensis*）。东北马鹿（*C. canadensis xanthopygus*）为马鹿的东北亚种，是国家二级保护动物，为我国东北林区具有典型性和代表性的大型林栖有蹄类动物，在我国温带森林生态系统中发挥着重要的生态作用。东北马鹿分布于大兴安岭、小兴安岭及长白山脉的张广才岭、老爷岭、完达山等地区，种群密度曾经较为丰富。然而，近几十年来随着林区人类社会经济的发展，马鹿的栖息生境发生了显著的变化，马鹿的生存和繁殖受到了严重威胁，种群数量急剧下降。21 世纪初陆续开始实施的天然林保护工程、划定生态保护红线、反盗猎巡护等措施，使重点保护区域的东北马鹿种群数量有所恢复，但种群分布区仍呈现明显的收缩趋势，形成隔离的斑块状分布。因此，亟待揭示在种群数量下降与分布区退缩的背景下东北马鹿种群的遗传学响应机制，并对其未来的保护工作提出建议。

本书内容是笔者过去5年里对东北地区马鹿种群保护遗传学领域的诸多成果的总结，系统地阐述了东北马鹿种群的遗传学濒危机制与科学保护建议，可为东北马鹿种群的保护和管理提供重要参考，也可为其他濒危物种的保护遗传学研究提供借鉴。全书内容分为7章，包括马鹿研究概况、研究地区自然概况、东北马鹿种群遗传多样性评价、东北马鹿种群统计学历史的揭示、东北马鹿种群遗传结构分析、景观特征对东北马鹿种群基因流的影响和东北马鹿种群扩散模式研究。本书可作为科研人员及政府主管部门等相关人员、机构的参考书目。由于作者水平有限，本书难免存在不足和错漏，恳请读者谅解和指正。

在此项研究中，东北林业大学张明海、王晓龙教授给予了细心指导；中国科学院动物研究所、中国科学院沈阳应用生态研究所、东北林业大学、海南大学、内蒙古大学、黑龙江省野生动物研究所、黑龙江省科学院自然与生态研究所、世界自然基金会、牡丹江师范学院等单位的专家和同行们也给予了许多帮助；在野外样本采集中，得到各林区工作人员的支持和帮助，在此深表感谢。本书的部分研究工作和出版得到了黑龙江省教育厅重点项目（1451ZD009）、牡丹江师范学院国家级课题培育项目（GP2021005）和牡丹江师范学院博士科研启动基金项目（MNUB202111）的资助，特此感谢。

田新民

2022年3月

目　　录

1 马鹿研究概况

1.1 研究背景

回顾整个地球的生命演化史，由于大型天体对地球地表和气候的影响，地表生命体共经历了五次物种大灭绝事件。而今天我们正在面临甚至是经历着第六次物种大灭绝，这是一场与天体运动无关，而是由人类活动造成的事件。Frankham 等（2017）认为过去 500 年全球人口数量增加了 13 倍，其中人类活动对动物种群破碎化产生了显著影响。生境的丧失与破碎化、人类的过度捕猎和疾病等原因导致野生动物种群数量下降、分布区缩小和种群隔离。而孤立的小种群可能面临近交衰退、遗传多样性丧失和对环境适应性的下降，种群间出现显著的遗传分化、基因交流丧失，使物种长期处于濒危状态，最终可能会有物种灭绝的风险。长此以往，人类将因地球上生物多样性的丧失和生物资源的枯竭而面临生存危机。保护生物学作为一门危机学科，致力于降低当前物种的灭绝速度和加强生物多样性保护，推动人类社会和经济的可持续发展。

20 世纪 80 年代，在猎豹（*Acinonyx jubatus*）保护实践中，科学家们认识到遗传学在保护生物学中的重要性，并由此推动了保护遗传学学科的发展。保护遗传学将遗传学的原理和方法运用于生物多样性的研究和保护，其主要目标是保护物种遗传多样性和进化潜力，特别是对濒危种群和衰退种群的关注。当前高通量基因组测序技术的发展和复杂计算工具的应用、环境 DNA（eDNA）在保护研究中的使用、景观遗传学的创立与快速发展等，这些都为保护遗传学提供了机遇、挑战和发展。在学术界保护遗传学已处于成熟期，但在其应用和实践范围内仍具有很大的发展空间，当前国际上每年都有数百篇论文发表。在过去 30 多年的时间里，一些科学家运用保护遗传学的原理和相关技术手段，对许多濒危物种的生存现状进行了精确描述。这些研究结果已为政府主管部门、野生动物管理者或专业保护人员制定相应管理计划和保护措施提供了科学依据，并对这些濒危物种的保护起到了显著效果。

东北马鹿（*Cervus canadensis xanthopygus*）为马鹿的东北亚种，国家二级保护动物，中国脊椎动物红色名录“濒危”物种，世界极度濒危物种东北虎（*Panthera tigris altaica*）和东北豹（*Panthera pardus orientalis*）的重要猎物，在我国北方森林生态系统中具有重要的生态作用。曾广泛分布于东北山地各林区的东北马鹿，受生境破碎化和非法盗猎等因素的影响，导致其种群数量和分布区一直在下降和缩小。其中，完达山地区曾是黑龙江省马鹿密度最高的分布区，现该地区马鹿种群已濒临灭绝。关于东北马鹿保护遗传学方面的研究，过去也主要集中在完达山地区，推进了该地区东北马鹿的科学保护和遗传学管理。研究表明，人类活动是导致东北马鹿种群数量下降和分布区退缩的主要原因。但人类活动如何作用于东北马鹿种群，使其种群遗传结构特征发生变化，进而引起种群间基因流变化的遗传学机制尚不明确。因此本文基于东北马鹿保护遗传学研究，探讨东北马鹿遗传学濒危机制，为该物种的保护与种群恢复提供科学依据。

1.2 国内外研究现状及科学问题

马鹿隶属于哺乳纲（Mammals）、偶蹄目（Artiodactyla）、鹿科（Cervidae）、鹿属（*Cervus*），广泛分布在北半球的欧亚大陆北部、非洲西北部和北美大陆西部等地区。马鹿是一种大型鹿类，头体长 165～265cm、肩高 100～150cm、尾长 10～22cm、体重 75～240kg，体型最大的罗斯福马鹿（*Cervus canadensis roosevelti*），其雄性体重可达 600kg。雄性马鹿具有宽而多叉的角，每枝多达 6 叉；眉枝在角基部伸出，斜向前伸；第二枝紧靠眉枝从主干分出，这是与梅花鹿（*Cervus nippon*）和白唇鹿（*Przewalskium albirostris*）的不同之处；第三枝与第二枝间距较大，以后主干再分 2～3 枝。被毛具有季节性变化，夏季毛短呈红褐色，冬季毛绒厚而色深褐。臀斑大而显著，呈淡橙黄色或白色。幼鹿有白斑，在第一次脱毛时即褪去。马鹿雄性一般 3 岁性成熟，雌性为 2 岁，一年繁殖一次，为一雄多雌配偶制，每胎通常产 1 仔。马鹿为集群动物，雌鹿和幼鹿常三五成群，多时可达 10 余只；雄鹿单独活动或组成三四只雄性群，发情期间雄鹿加入雌性群。作为重要的经济动物，在中国、新西兰、俄罗斯、蒙古国和韩国等国家存在大量的马鹿养殖群体。

1.2.1 马鹿的起源与分类

在物种进化历史上，马鹿是一个比较“年轻”的物种。依据化石记录研究，马鹿是由原始的梅花鹿演化而来的，是马鹿祖先在由中东向欧洲和北非扩散过程中产生的一个新种。随着分布区的扩大，大约在更新世中期，这种原始型马鹿又反转回来路，经丝绸之路的天山北麓返回中国大陆，此后又经过西伯利亚并通过白令海峡扩展到北美大陆。Mahmut 等（2002）基于线粒体控制区序列对全球马鹿的研究认为，欧洲种群不是亚洲东北种群和北美洲种群的直系祖先，说明马鹿在起源上没有经过上述的反转过程，而是经过两个不同的进化方向：马鹿祖先种群可能从南方的青藏高原周围迁移到塔里木盆地，由于天山山脉和沙漠的地理隔离，马鹿只能向西北扩散形成了塔里木种群和欧洲种群的西部系统；另一个方向是祖先种群向东北扩散，形成了亚洲东北种群和北美洲种群的东部系统。

与马鹿广阔分布区相对应的是其混乱的分类。最早以双名法为马鹿命名的是瑞典博物学家林奈，将来自瑞典南部的标本命名为 *Cervus elaphus*。传统分类学以地理学、形态学和生物学特性为基础，认为全球马鹿为一个物种，20 世纪的大多数分类学家也分享了这一结论。其中多数学者认为我国马鹿有 8 个亚种，分别为东北亚种、阿拉善亚种、阿尔泰亚种、天山亚种、塔里木亚种、甘肃亚种、四川亚种和西藏亚种。其中争议较多的是甘肃亚种和四川亚种，以及阿尔泰亚种和天山亚种是否为同一亚种。此外，还有观点认为存在分布于西藏西南部的克什米尔亚种，所以不同学者表述我国马鹿有 7～9 个亚种。

Wilson 和 Reeder（2005）编著的《世界哺乳动物物种》第 3 版（*Mammal Species of the World, 3rd edition*）将全球马鹿作为一个物种，包括 18 个亚种，其中我国有 7 个亚种。Groves 和 Grubb（2011）通过查阅世界各地馆藏的研究标本，并结合自己和其他学者的多年研究，出版《有蹄类分类系统》(*Ungulate Taxonomy*)，将全球的马鹿重新厘定为12个物种。蒋志刚（2015a，2015b）也采用了该分类系统，把我国马鹿划分为5个种：阿拉善马鹿（*C. alashanicus*）、四川马鹿（*C. macneilli*）（包括甘肃种群）、西藏马鹿（*C. wallichii*）、东北马鹿（*C. xanthopygus*）和塔里木马鹿（*C. yarkandensis*）。马鹿的天山种群和阿尔泰种群没有被记录在内，而Groves和Grubb（2011）认为这两个种群可能属于*C. canadensis*的两个亚种。参考Wilson和Mittermeier（2011）新的哺乳动物分类系统，蒋志刚等（2017）重新厘定我国马鹿为3个种：西藏马鹿（*C. wallichii*）、马鹿（*C. canadensis*）和塔里木马鹿（*C. yarkandensis*），2021年新颁布的《国家重点保护野生动物名录》也采用了此分类标准。

《世界自然保护联盟濒危物种红色名录》（以下简称“IUCN红色名录”），结合1995年以来最新发表的分子生物学和行为学论文，以及早期某些形态学研究，认为*C. elaphus*和*C. canadensis*是马鹿的两个有效物种。同时结合Lorenzini和Garofolo（2015）基于线粒体细胞色素*b*和控制区全序列对鹿属动物的分子系统发育最新研究结果，IUCN红色名录将*C. hanglu*暂定为马鹿的一个新种。至此IUCN红色名录将全球马鹿分为3个物种，分别是分布于欧洲和北非地区的*C. elaphus*（7个亚种）、中亚地区的*C. hanglu*（3个亚种）、东亚和北美地区的*C. canadensis*（8个亚种）。按此分类系统，我国分布有塔里木马鹿（*C. h. yarkandensis*）、西藏马鹿（*C. c. wallichii*）、四川马鹿（*C. c. macneilli*）、阿尔泰马鹿（*C. c. sibiricus*）、阿拉善马鹿（*C. c. alashanicus*）和东北马鹿（*C. c. xanthopygus*），共2个种和6个亚种。其中我国特有亚种有3个：塔里木马鹿、四川马鹿和阿拉善马鹿。基于上述最新的国内官方与IUCN标准比较，分歧在于西藏马鹿是否为独立物种，而东北马鹿的谱系关系更接近于北美地区马鹿，也因此本文中暂采用东北马鹿拉丁名为*Cervus canadensis xanthopygus*，英文名为wapiti。

1.2.2 马鹿的分布与种群数量

1.2.2.1 欧洲和北非地区的马鹿

马鹿（*C. elaphus*）的分布区从欧洲一直延伸到北非和中东。除了芬诺斯堪底亚（Fennoscandia）北部和俄罗斯大部分地区没有分布外，在欧洲大陆的大部分地区，俄罗斯北部的沃罗涅日（Voronez）、克里米亚半岛、高加索地区，一直到亚美尼亚、阿塞拜疆、格鲁吉亚，以及不列颠群岛和撒丁岛的许多岛屿上都有分布。

在欧洲地区，爱尔兰的马鹿种群在更新世末期已灭绝，现在的种群主要来自19世纪引入的个体。科西嘉亚种（*C. e. corsicanus*）经历了数量急剧下降，1969年从科西嘉岛消失，1985年开始了重引入计划。除了意大利东北部的梅索拉自然保护区（Mesola Wood）外，所有意大利大陆种群在历史时期都已灭绝，并被新的外源种群取代。1970年撒丁岛的马鹿种群下降到大约100只个体，种群缓慢恢复后，2014年统计有8 000只个体。在葡萄牙，所有种群都来自重引入和边境西班牙种群的扩张，而西班牙种群也先后多次被重引入。阿尔巴尼亚的马鹿已灭绝，在希腊东北部锡索尼亚半岛（Sithonia）的最后一个当地种群于20世纪80年代灭绝，现在孤立的小种群都来自重引入个体。20世纪90年代北高加索地区的高加索亚种（*C. e. maral*）种群数量急剧下降，自2000年以来仍严重受威胁，但略有恢复；在南高加索地区该亚种已非常稀有。来自克里米亚半岛的克里米亚亚种（*C. e. brauneri*）数据不详，但被认为非常稀有。

在北非地区，马鹿生活在阿尔及利亚东北部、突尼斯西北部和摩洛哥的阿特拉斯山脉（Atlas）。北非的马鹿种群数量日益减少，生活在阿尔及利亚的巴巴里亚种（*C. e. barbarus*），20 世纪 70 年代中期的总数为 400～600 只，到 80 年代后期达到了约 2 000 只，但自此以后，种群数量一直在急剧下降。在突尼斯的该亚种，种群在 70 年代显著扩张，由 1961 年的 10 只增加到 20 世纪 80 年代后期的约 2 000 只，马鹿种群数量显著增长的背后大部分归因于 1966 年重引入保护计划的成功。2006 年调查显示其种群数量明显低于以前的估计。在摩洛哥，马鹿在 20 世纪初已经灭绝，20 世纪上半叶从西班牙重引入摩洛哥北部。马鹿还生活在土耳其、伊朗北部和伊拉克的近东和中东地区，但在以色列、约旦、黎巴嫩和叙利亚已灭绝。

此物种当前分布区广泛，种群密度丰富并总体呈增长态势，因此世界自然保护联盟（IUCN）评定其为“无危”等级。但在北非和中欧地区的马鹿种群日益破碎化，并已从某些地区消失。据统计，除俄罗斯外的所有欧洲地区在 1985 年和 2005 年的马鹿数量分别为 125 万只和 240 万只，种群密度为（1～5）只/km^2，有时高达 15 只/km^2。同期，年度捕猎数量从 27 万只增加到 50 万只。在德国，有报道每年有 6 万只马鹿被捕猎，最新统计表明德国马鹿种群数量为 15 万～18 万只。在俄罗斯，大约有 500 只纯种的东欧马鹿（*C. e. hippelaphus*）。

1.2.2.2 中亚地区的马鹿

IUCN 将分布于中亚地区的马鹿（*C. hanglu*）暂定为独立物种，包括分布于哈萨克斯坦、乌兹别克斯坦、塔吉克斯坦、土库曼斯坦和阿富汗北部的中亚亚种（*C. h. bactrianus*），分布于克什米尔地区的克什米尔亚种（*C. h. hanglu*）和中国新疆中部的塔里木亚种（*C. h. yarkandensis*）。该物种成年个体野外数量大约为 2 500 只，克什米尔地区和中国境内的种群很小，并可能还在减少，但中亚亚种代表了该物种的大多数（约 75%）并呈增长趋势。因此该物种被评定为“无危”等级，种群整体呈增长趋势，但种群破碎化严重。

19 世纪，来自阿姆河（Amu Darya）和锡尔河（Syr Darya）流域的中亚亚种，20 世纪 60 年代中期数量为 350～500 只，后经历了种群急剧下降，1900 年从锡尔河地区灭绝。保护区建立后先前分布区的马鹿得到部分恢复，1989 年种群数量约为 900 只。苏联解体后，由于偷猎，仅剩下 350 只个体。随后因为种群恢复计划的实施，到 2011 年在乌兹别克斯坦、哈萨克斯坦、土库曼斯坦和塔吉克斯坦的个体总数增加到 1 900 只，到 2015 年总数增加到 2 700 只。阿富汗的种群数量未知。

克什米尔亚种主要分布在达奇加姆（Dachigam）国家公园内，1947 年以前克什米尔马鹿被王公们视为“王室运动”物种，因此受到严格的保护。此后种群数量急剧下降，从 20 世纪初期的 3 000～5 000 只下降到 1965 年的 180～250 只，1992 年为 120～140 只，2015 年为 110～130 只，包括克什米尔地区其他残留种群在内，马鹿总数量估计不足 200 只。由于盗猎导致雄鹿减少和性比失衡，放牧使幼鹿比例降低，预计未来克什米尔马鹿种群数量可能会持续下降。

塔里木亚种分布在我国新疆中部的塔里木河流域，1991 年调查表明马鹿数量减少了约 4 000～5 000 只。塔里木马鹿被隔离在沙雅、罗布泊和且末 3 个种群中，目前为止由于保护措施尚未奏效而种群数量继续下降。2001 年估计在且末地区有 50 只，在罗布泊和沙雅地区各有 200 只，目前最新的种群数量未知。

1.2.2.3 东亚和北美地区的马鹿

马鹿（*C. canadensis*）的分布从中亚的哈萨克斯坦东北部阿尔泰山脉和吉尔吉斯斯坦东部天山山脉，经过西伯利亚，蒙古国北部，不丹，中国西南部、中部和北部，俄罗斯鄂木斯克州以东西伯利亚联邦管区和远东联邦管区几乎所有区域一直延伸到北美地区。该物种也被引入新西兰和意大利，墨西哥也曾有分布，现已灭绝。

该物种在亚洲和北美洲的某些区域出现分布区退缩和数量下降，但在全球范围内种群呈增长趋势，故 IUCN 将其评定为“无危”等级。在北美部分地区，马鹿因捕食者被消除而变得很常见，种群也由狩猎组织来管理。在 20 世纪 90 年代后期，北美地区马鹿种群约为 100 万只，在许多庇护辖区被宣布为“过剩”。代表性的种群密度为（2～10）只/km^2，部分地方可高达 25 只/km^2，某些地区数量十分丰富，在林区被认定为有害生物，在北美每年狩猎数量约为 20 万只。在某些地区也出现过种群急剧下降，1875 年美国加利福尼亚州的马鹿种群下降到 2～5 只个体，经过严格的保护和迁移种群得以恢复，2010 年有 3 900 只个体。

在俄罗斯，阿尔泰马鹿（*C. c. sibiricus*）和东北马鹿（*C. c. xanthopygus*）种群数量在 20 世纪 80 年代分别为 3.2 万只和 5.1 万只；90 年代后期这两个亚种的数量估计分别为 4.3 万只和 12.6 万只，种群数量差异可能主要由使用不同的调查方法所致，但这两个亚种的种群数量都在增加。2010 年俄罗斯的东北马鹿数量约为 6 万只，大多数（3.5 万只）栖息在滨海边疆区和哈巴罗夫斯克边疆区，并保持种群稳定；在阿穆尔州种群估计为 1.4 万只；在雅库特地区大约有 5 000 只。在萨哈林岛上，20 世纪 60 年代重引入马鹿，数量在 20 世纪 90 年代达到顶峰为 700 多只，此后由于非法狩猎，种群急剧下降，到 2010 年不足 200 只。从 2010 年以来，俄罗斯的阿尔泰马鹿数量一直稳定在 3.3 万～3.9 万只之间，东北马鹿在 2012 年增加到 15 万只，在 2013 年略有下降。

阿尔泰马鹿在 20 世纪 90 年代后期的蒙古国统计有 8 000～10 000 只，该亚种在我国分布于新疆北部的天山和阿尔泰山。东北马鹿在我国分布于大、小兴安岭和长白山脉的东北地区；阿拉善马鹿（*C. c. alashanicus*）出现在宁夏回族自治区和内蒙古自治区交界的贺兰山中部地区；在我国中部和西南部分布有四川马鹿（*C. c. macneilli*）；西藏马鹿（*C. c. wallichii*）曾经被认为已经在野外灭绝，1995 年在西藏东南部被重新发现，其在不丹也有分布。包括塔里木马鹿，我国分布的 6 个马鹿亚种均处于受威胁状态，中国脊椎动物红色名录评估四川马鹿为“极危”，其他亚种为“濒危”等级。目前为止我国野生马鹿数量还没有准确的调查数据，因此及时开展马鹿种群分布和数量评估等基础性研究，对其科学保护和种群恢复是非常必要的。

1.2.3 马鹿种群遗传学研究

种群遗传学是保护遗传学的重要组成部分，对于野外种群，其重点关注种群的遗传多样性、遗传结构与基因流、种群大小、遗传瓶颈、近交系数、谱系地理和渐渗杂交等领域。这些内容都是种群遗传学的核心，对于濒危物种的保护和管理具有重要的指导意义。

1.2.3.1　种群遗传多样性与结构

Polziehn 等（2000）使用 12 个微卫星位点分析了北美地区 11 个马鹿种群的遗传多样性和遗传结构，其中涉及传统分类的 4 个马鹿亚种，即罗氏亚种（也称罗斯福亚种，*C. e. roosevelti*）、马省亚种（也称马尼托巴亚种，*C. e. manitobensis*）、落基山亚种（*C. e. nelsoni*）和加拿大亚种（*C. e. canadensis*）。结果显示马鹿种群每个位点平均有 3～4 个等位基因，平均期望杂合度（H_e）为 0.257 5～0.528 5，加拿大温哥华岛种群与其他种群之间存在最大的遗传距离。罗氏亚种与其他种群存在明显分歧，其他 3 个亚种的种群间缺少遗传分化，在马鹿种群数量大量减少之前曾连续分布，因此建议将马省亚种、落基山亚种和加拿大亚种合为一个亚种，该研究与目前 IUCN 的分类相一致。

19 世纪中期由于过捕导致德国南部巴伐利亚自由州的马鹿种群数量急剧下降，后来在一些地区种群得到恢复，同时生境破碎化改变了巴伐利亚马鹿的遗传结构。Kuehn 等（2003）基于 19 个微卫星位点，对来自 9 个巴伐利亚不同地区和 2 个相邻地区共 11 个马鹿种群的遗传多样性、基因流和遗传漂变进行评价，指出马鹿种群遗传多样性整体处于中等水平（H_e= 0.527～0.666，H_o=0.497～0.610），其中种群瓶颈、近交、奠基者效应和种群隔离等因素导致 Isarau 和 Hassberge 两个种群的遗传多样性相对较低。11 个马鹿种群间均表现出显著的遗传分化，但没有检测出距离隔离，认为是种群遗传漂变和基因流中断导致的结果，建议将量化景观隔离和构建生境连通性作为未来保护和管理的重点。同时通过近交系数和有效种群大小评估的近交速率分析，认为巴伐利亚马鹿未来种群处于较为稳定的状态。

意大利地区是许多温带物种的主要冰期避难所之一，梅索拉地区的马鹿作为意大利大陆唯一仅存的本地野生马鹿种群，一直是野生动物专家关注的焦点。受人类活动的影响，该地区马鹿种群历史数量长期处于波动状态（1922 年 160 只、1930 年代为 250～300 只、第二次世界大战时期 10 只、1970 年 40 只、1980 年 120 只、1992 年 54 只、1999 年 67 只和 2006 年 120 只）。Zachos 等（2009）评价了意大利梅索拉地区濒临灭绝马鹿种群的种群生存力和遗传多样性，基于 20 个微卫星位点和 25 份马鹿样本（取样于 1995—1998 年，当时野外马鹿种群总数量约 60 只），指出与欧洲其他地区马鹿相比梅索拉马鹿种群遗传多样性非常低（H_e=0.61，H_o= 0.50），并受近交繁殖威胁（F_{is}=0.159）。种群生存力分析认为种群未来堪忧，近交衰退和可能的灾难对种群的未来会产生巨大影响。模拟分析指出管理措施可以显著增加种群生存力，其中两个亚种群的建立和灾难事件的减少可以显著减少近交和环境随机性的有害影响。

理论预测参与繁殖的雄性动物数量越少，有效种群大小就越小，会造成后代种群遗传多样性的下降，因此认为一雄多雌婚配制度物种受有效种群大小的负面影响，遗传多样性最终会面临枯竭威胁。Pérez-González 等（2009）基于微卫星分子标记研究了一雄多雌制马鹿的亲本向后代传输遗传变异的情况，通过比较不同程度的一雄多雌制研究种群，发现结果与理论预测相反，雄性比雌性向后代贡献了更多的遗传多样性。当种群遗传多样性相对较低时，一雄多雌制会与父系的更高遗传多样性有联系，通过有利于杂合性个体的性别选择，来补偿因一雄多雌制导致有效种群大小的可能性减少。

近几个世纪以来，欧洲许多地区的圈养或野生马鹿被多次迁移，以复壮其他分布区的自然种群，但是亚种间杂交对种群生存产生潜在的影响却少有研究。为了避免挪威当地马鹿的灭绝，1900—1903 年共 17 只匈牙利马鹿和德国马鹿被引入挪威 Otterøya 岛屿，当时该岛屿约有 13 只挪威马鹿（3 个地区的马鹿按传统分类分别是欧洲亚种、德国亚种和挪威亚种，按 IUCN 分类为一个亚种）。Haanes 等（2010）通过 14 个微卫星位点和 mtDNA 控制区，评价了 Otterøya 岛现在的马鹿种群、挪威本地种群和匈牙利种群（没能获得德国样本）的遗传多样性和种群状态。结果表明，Otterøya 种群具有中等水平的遗传变异，种群特有等位基因来自挪威本地和匈牙利种群，显示引种马鹿与当地自然种群发生亚种杂交繁殖。在最近几十年，Otterøya 种群数量极大增长，显示出高水平的种群生存力，该杂交马鹿体重上类似或大于相邻地区的挪威本地马鹿。杂交物种在种群性能上没有下降，并且基因流可能没有受到任何负面影响。研究表明如何管理 Otterøya 杂交种群将是具有挑战性的问题，一方面认为其在遗传学上的不同和遗传多样性相对较高，应允许其扩散与挪威大陆种群杂交，以提高大陆种群的遗传变异水平。另一方面认为挪威种群可能是为数不多不受迁移影响的欧洲种群之一，阻止挪威大陆种群与其他种群的任何接触和杂交，可能更为安全。

克什米尔马鹿，其在历史时期曾广泛分布于喜马拉雅山脉的克什米尔地区、奇纳布河流域（Chenab）。后来因环境和人类活动的压力，主要是森林采伐、退化和侵占导致的生境丧失，导致克什米尔马鹿的分布区和种群数量极度减少，目前该物种的分布主要局限于达奇加姆（Dachigam）国家公园和周边保护地区域（约 1 000km^2）。该物种种群数量从 1900 年的 3 000～5 000 只下降到 1947 年 1 000～2 000 只和 1965 年 180～250 只，2011 年调查为 218 只左右，2015 年最新数据为 150～200 只。克什米尔马鹿被印度政府列为Ⅰ级重点保护野生动物，为 15 个优先保护物种之一。Mukesh 等（2013）利用微卫星分子标记对克什米尔马鹿种群进行了遗传学评价，显示克什米尔马鹿种群存在明显的近亲繁殖（$F_{is}=0.38\pm0.15$），与世界其他马鹿种群相比呈现低水平的遗传多样性（$H_e=0.66\pm0.07$，$H_o=0.40\pm0.11$）。建议优先考虑保留高杂合度的个体进行迁地保护，为了确保该物种长期生存，未来遗传学检测应覆盖整个分布区，认为进一步忽视遗传学特征可能对种群未来生殖健康与生存产生负面影响。

在欧洲大陆，马鹿是大型哺乳动物中分布最广泛的物种，同时也是最重要的狩猎物种。狩猎管理涉及的选择性狩猎、外界个体的引入和种群间个体的迁移，封闭的高速公路、居民点与森林采伐导致的生境破碎化，圈养种群的隔离，自然选择和大尺度的生物地理现象如末次冰期，这些事件都会明显改变原马鹿种群的分布、遗传多样性和结构。Queiros 等（2014）研究了管理实践和种群历史动态对伊比利亚半岛马鹿种群的遗传多样性和健康的影响，4 个被研究种群分别是被严格保护没有狩猎的开放性种群（CB 和 DN）、低水平或没有管理的开放性狩猎种群（社会性狩猎）（FG/CP）和经过不同来源引种在 31 年前建立的封闭性私人狩猎场（PE）（高强度狩猎利用）。基于微卫星分子标记分析了 172 只个体，发现种群间存在显著的遗传差异和分化，显示出明显的遗传结构。在封闭种群内，尽管存在强烈的狩猎利用，但不同地区的动物引种导致其高水平的遗传多样性，没有近亲繁殖证据。两个历史上隔离的自然种群（DN 和 FG/CP）具有低水平的遗传多样性，CB 种群具有高水平的遗传多样性，并认为上千年的种群历史动态比几十年内的管理策略更能影响自然种群的遗传多样性。种群遗传多样性可能与动物生活史特点和疾病易感性相关，这可能会影响野生动物种群的保护和管理，然而在结核病感染、脾脏重量和体长方面没有受到遗传多样性的显著影响，但是一些单一微卫星位点对结核病感染和脾脏重量似乎有显著影响。

欧洲殖民者到达美洲新大陆之前，北美马鹿可能遍布北美地区，数量不少于 100 万只。按最初的地理分布定义了 6 个亚种：加州亚种（*C. e. nannodes*）、马省亚种、落基山亚种、罗氏亚种、加拿大亚种和梅里厄姆亚种（*C. e. merriami*），其中后两个亚种在至少一个世纪前已灭绝（目前 IUCN 建议其余 4 个亚种应归为 3 个亚种）。上千年以来，北美马鹿一直是北美土著人的狩猎对象，19 世纪的生境破坏和人类狩猎使北美大陆马鹿种群大量减少，并导致北美东部和美国西南部地区马鹿彻底消失。同期加拿大阿尔伯塔省（Alberta）境内的马省亚种和落基山亚种也几近灭绝。在加拿大阿尔伯塔省的保护活动使国家和省级公园多数地区的马鹿种群得到有效恢复，特别是落基山脉的东坡和附近的丘陵地带。阿尔伯塔省马鹿种群的种群大小、分布、遗传多样性和种群结构等真实历史基础数据，为当地政府设计有效生态系统管理政策提供了依据。为了揭示历史上的马鹿种群数量下降对马省亚种和落基山亚种的总体遗传多样性和种群结构的影响程度，Speller 等（2014）以 16 个考古遗址（公元前 2260 年至公元 1920 年）的 50 具马鹿遗骸为研究对象，通过 551bp 线粒体控制区，对阿尔伯塔省历史马鹿种群的遗传多样性和种群结构进行了研究。古代和现代单倍型和核苷酸多样性的比较表明，历史上的种群下降减少了马省亚种种群的遗传多样性，而 20 世纪早期来自黄石国家公园的动物迁移则维持了落基山亚种马鹿种群的遗传多样性。这两个亚种之间的基因流在过去明显高于当前，表明这两个亚种以前为一个连续的种群。

1.2.3.2 渐渗杂交

种间杂交曾一度被认为是一种反常现象，目前发现其广泛存在于一些分类群中，估计有 25%的维管植物、12%的欧洲蝴蝶、10%的鸟类和 6%的欧洲哺乳动物等物种中均存在杂交种。杂交会导致等位基因跨越物种的界限而发生基因渐渗（introgression），即发生从一个基因组到另一个基因组的基因流。研究发现渐渗杂交也存在于亚种和地理接触种群间，因此其概念和范围逐渐扩展，包括了族、种、亚种和种群水平的个体杂交，泛指某一种群的基因被整合到另一种群中。近缘类群的渐渗杂交对物种进化具有重要意义，同时也给生物多样性带来了威胁，使得濒危物种的保护面临更多的挑战。

从 19 世纪中期开始，日本梅花鹿和北美马鹿被陆续引种到英国，与当地欧洲马鹿的野外和圈养种群接触，发生了种间或亚种间的渐渗杂交，也因此开展了大量研究工作。Goodman 等（1999）基于 11 个微卫星位点和 mtDNA 序列鉴别了苏格兰阿盖尔岛屿（Argyll）本地马鹿和外来的日本梅花鹿之间的杂交，发现两个物种彼此接触的地方高达 40%的鹿具有明显的杂交渐渗等位基因。Senn 等（2009）通过 22 个高区分度的微卫星位点和 mtDNA 分析了日本梅花鹿的引种对苏格兰金泰尔半岛（Kintyre）本地马鹿的遗传学影响，发现两个物种间的杂交不常见，但两个物种接触的地方——西阿威湖（West

Loch Awe）有43%的个体是杂种，mtDNA表明杂交发生在雌性马鹿和雄性梅花鹿之间。

Senn等（2010）研究了苏格兰金泰尔地区马鹿与日本梅花鹿种间杂交的表型相关性，表明：杂交导致雌、雄似梅花鹿（sika-like deer）体重均增加，雌性似马鹿（red-like deer）* 体重减少；雌性似梅花鹿下颌长度和门齿弓形宽度增加，雌性似马鹿门齿弓形宽度增加；没有发现杂交改变任一种群的肾脏脂肪重量和妊娠率；两个物种之间增加的表型相似性可能导致进一步的杂交。Senn等（2010）基于微卫星和mtDNA研究了苏格兰金泰尔半岛地区日本梅花鹿和本地马鹿基因渐渗的时间变化，没有发现15年间的杂交比例和基因渐渗水平发生变化。然而在另一个自1970年以来两个物种相互接触过的种群中，44%的样本是杂交种，表明两个物种之间的杂交可以相当迅速地进行。

19世纪中期，北美马鹿和日本梅花鹿多次被引入英国，在此期间北美马鹿普遍没有繁殖成功，梅花鹿却非常成功，尤其在苏格兰地区梅花鹿与本地马鹿至少有40%分布区重叠。梅花鹿种群迅速增长并在爱尔兰威克洛郡（Wicklow）内扩散，同时被迁移到遍布爱尔兰的其他地区，当地马鹿和日本梅花鹿在爱尔兰地区发生杂交，特别是在威克洛郡，杂交可能对威克洛郡马鹿种群造成了威胁。Smith等（2014）基于微卫星和mtDNA通过374只个体调查了爱尔兰岛地区鹿属种类的杂交状态，发现北美马鹿的基因渗入水平非常低（仅有2只个体，占0.53%），凯里郡（Kerry）没有发现马鹿-梅花鹿的杂交种，表明该地区存在两个物种强烈的选型交配（assortative mating）。然而在威克洛郡有80/197（41%）的鹿样本、在科克郡（Cork）有7/15（47%）的鹿样本是马鹿和梅花鹿的杂交种。Smith等（2018）研究了苏格兰和英格兰湖泊区外来物种梅花鹿和北美马鹿向当地马鹿种群的基因渐渗，调查扩展了以前关于北美马鹿细胞核等位基因向马鹿较少基因渗透的研究，特别是北苏格兰、金泰尔和湖泊区。在南金泰尔地区发现了一个新的梅花鹿广泛基因渐渗区；在北苏格兰高地地区，首次在地理上显示了由普遍回交产生杂交的证据；在英格兰湖泊区，仅发现了过去梅花鹿基因渗入的痕迹。在中部苏格兰高地地区和赫布里底群岛（Hebrides）马鹿避难所没有发现梅花鹿的等位基因。

McFarlane和Pemberton（2019）论述了如何探明杂交中基因渐渗的真实程度，表示由于人类活动产生的杂交在以前研究中多数忽视了双峰杂交带（bimodal hybrid zone）的情况，其杂交种通常与亲本物种交配，产生许多回交个体，其内含基因渐渗的比例会很少。以前许多研究体系中使用的遗传标记太少，无法评估进一步回交所造成的威胁程度，最近的研究使用了数千个标记位点揭示了先前无法察觉的回交。McFarlane等（2020）通过增加遗传标记比重揭示了苏格兰金泰尔半岛的马鹿与日本梅花鹿之间的高水平混合，基于44 999个单核苷酸多态性（SNP）位点和ADMIXTUTR软件分析发现金泰尔地区26%的马鹿为杂交种，而在西北高地地区仅有2%，检测到这些杂交个体多数进行了回交。同时评价了不同位点子集鉴定杂交种的能力，表明祖先信息位点（ancestry informative marker）比诊断位点（diagnostic marker）更好，前者在基因组中分布更均匀，后者被集中在X染色体上。

1.2.3.3 国内马鹿种群遗传学研究

相关学者对我国马鹿各亚种的种群遗传学也开展了一系列研究，Mahmut等（2001）

* 此处将研究地区马鹿与梅花鹿杂交后代中更像梅花鹿的个体称为“似梅花鹿”，更像马鹿的个体称为“似马鹿”。

评价了新疆塔里木马鹿种群的遗传多样性；Mahmut 等（2002）对全球马鹿的分子系统发育进行了研究，重点探讨了新疆地区马鹿的分类地位；Anwar 等（2013）分析了生境变化对新疆塔里木马鹿沙雅种群遗传多样性的影响，表明塔里木马鹿生境内的地表类型在34 年间发生显著的变化，其中农田、中植被覆盖率土地和低植被覆盖率土地的面积明显增加，高植被覆盖率土地和水域面积明显减少，生境面积减少和破碎化导致沙雅马鹿种群遗传多样性的降低。周璨林（2015）基于分子生物学手段对天山马鹿种群数量、性比、遗传多样性、遗传结构、冬季家域及系统发育关系进行了全面研究。王洪亮（2008）采用 *Cyt b* 基因和微卫星标记对新疆塔里木马鹿、阿尔泰马鹿和天山马鹿 3 个亚种群体的系统发育和遗传多样性进行了研究，指出塔里木马鹿与阿尔泰马鹿之间遗传距离最大，天山马鹿与阿尔泰马鹿之间最小；塔里木马鹿归属欧洲马鹿类群，其他两个亚种归属亚洲/美洲马鹿类群；塔里木马鹿与天山马鹿疑为受到外种杂交影响；3 个亚种群体的遗传多样性处于中等水平，均受不同程度的近交繁殖影响。邓铸疆等（2010）采用线粒体控制区全序列分析了西北马鹿（塔里木马鹿、阿尔泰马鹿、天山马鹿、甘肃马鹿和阿拉善马鹿）群体遗传多样性及系统地位。西藏马鹿曾一度被认为已野外灭绝，2005 年调查发现西藏东南部桑日县一带仍有马鹿分布，活动地区不过 10 000km^2。刘艳华和张明海（2012）基于 *Cyt b* 基因，认为西藏马鹿种群总体遗传多样性较高，3 个种群间存在着丰富的基因流；Hu 等（2018）基于微卫星标记研究了西藏马鹿的种群数量和遗传多样性，也得到了相同的结论。乔付杰等（2019）通过 *Cyt b* 基因，研究了阿拉善马鹿种群遗传多样性与系统进化关系。田新民（2008）基于微卫星标记对完达山地区东北马鹿种群数量、性比、粪球形状的性别差异、遗传多样性和冬季家域等内容进行了全面研究；Tian 等（2020）通过 mtDNA 和微卫星标记，对内蒙古高格斯台地区东北马鹿种群遗传多样性和历史动态进行了评价。

1.2.4 马鹿景观遗传学研究

1.2.4.1 景观遗传学概念和研究内容

随着分子生物学技术的进步，对于生态学者和自然资源保护者来说遗传学数据的获取变得更加快捷和有效，也因此可以更深入地了解人类活动对生物多样性产生的影响。在 20 世纪 70 和 80 年代，遗传学因素被认为是保护策略获得成功的最重要内容，其中人类活动导致生境的丧失与破碎化、在破碎化的生境内种群和物种的长期生存、斑块间物种的有效扩散也成为研究和保护的关键。上述几个研究领域发展的同时，环境变化的结果同样成为 20 世纪 80 年代景观生态学的核心话题，科学家开始将种群遗传学和景观生态学的概念和方法结合起来以评估环境异质性对基因流和遗传多样性的影响。

景观遗传学直到 Manel 等（2003）在一篇开创性论文中被正式定义才作为一个研究领域而存在。之后十多年里，许多新方法不断提出，研究成果发表的数量也在快速增加，景观遗传学已经为生态学、进化和保护研究做出了重大贡献。Balkenhol 等（2016）进一步明确了景观生态学的定义，为结合种群遗传学、景观生态学和空间分析技术使用中性和适应性遗传数据去精确量化景观成分、景观结构和基质质量对微进化过程，例如基因流、基因漂变和选择影响的研究领域。景观遗传学与谱系地理学的研究目标类似，但二者解析的尺度不同：谱系地理学关注的时间尺度跨越数百到数千年，即进化时间尺度，而景观遗传学关注的是最近的基因流，即生态时间尺度；就空间尺度而言，谱系地理学通常考察整个物种的分布范围，而景观遗传学主要关注研究时种群所占的景观范围。因此，景观遗传学研究需要确定适当的时空尺度。景观数据通常只反映当代的景观结构，而遗传格局是历史和当代相关因素相互作用的融合，需要研究者选择合适的遗传标记，找出使景观与遗传数据匹配的有效方法，辨别历史影响所起的作用。目前，景观遗传学仍在快速发展，新方法和新技术不断出现，同样具有巨大挑战。因此，该领域进一步的发展是寻找方法获得越来越精确地对当前基因流格局的解释，以及利用这些信息来预测未来基因流格局对人类活动压力或气候变化等方面的响应。

1.2.4.2 国外马鹿景观遗传学研究进展

近十年来，国外学者对马鹿的景观遗传学领域开展了系列研究，为该物种的保护与管理提供了重要参考。Pérez-Espona 等（2008）基于 21 个微卫星位点，对苏格兰高地 115km×87km 区域尺度内的 695 只马鹿个体，评估了自然与人工景观特征对其遗传结构的影响。研究者为不同的自然与人工景观特征建立最小成本距离矩阵，与遗传距离进行相关分析。结果表明，海湾、山坡、道路和围栏围起来的森林边界会打断基因流，而内陆湖泊和河流则会促进基因流。Vander Wal 等（2012）评估景观与群居相互作用对群居鹿科动物疾病传播的影响时，发现道路为加拿大曼尼托巴省（Manitoba）马鹿亚种群间基因流的屏障。Frantz 等（2012）基于 14 个微卫星位点，分析了比利时瓦隆（Walloon）地区部分高速公路沿线的马鹿和野猪（*Sus scrofa*）种群空间遗传结构。通过不同聚类分析的遗传结构与高速公路同侧和两侧成对个体距离隔离模式的结果表明，高速公路为马鹿种群间基因流的屏障，而对野猪没有影响。遥测数据也证实马鹿比野猪更容易受到高速公路的影响，同时发现用聚类方法检测种群遗传结构的能力随着样本量的减小而降低。

马鹿为全球重要的狩猎物种，而对狩猎动物的管理通常会改变种群的结构和生境特征，并对遗传结构产生潜在影响。Pérez-González 等（2012）研究了西班牙地区 26 个私人狩猎场（其中 10 个为有围栏的封闭种群，16 个为开放种群）的马鹿种群结构、生境特征和遗传结构。结果检测出与森林分布中断相关的 3 个集合种群（metapopulation），在每个集合种群内部，围栏对马鹿的遗传结构没有显著影响。同时发现每个集合种群内部呈现相似的种群结构，但它们的生境特征和遗传结构有所不同。具有较高资源可利用性的集合种群显示了一种遗传结构模式，其中地理上临近的个体间遗传相关性较高，而地理上较远的个体间遗传相关性较低。相反，资源利用率较低的集合种群呈现出另一种遗传结构模式，其中不同种群个体间遗传相关性与地理距离无关。

Šprem 等（2013）评估了生境破碎化对克罗地亚马鹿种群遗传结构的影响，基于 Structure 软件的贝叶斯非空间聚类方法检测到 3 个种群分属两个遗传簇，分别为西部种群遗传簇和由两个东部相邻种群组成的东部种群遗传簇。而结合个体地理空间信息的 Geneland 软件贝叶斯空间聚类方法对种群分化的识别更加敏感，检测到东部种群也应为两个不同的遗传簇。同时表示道路阻碍了种群间的基因交流，研究结果为克罗地亚地区未来的道路规划提供了重要指导。20 世纪上半叶因过度捕猎，伊比利亚马鹿种群遭受了严重破坏。之后通过自然扩散和人工重引入，西班牙南部安达卢西亚自治区的马鹿种群从少数几个残余种群中得到了再次恢复。Galarza 等（2015）结合整个安达卢西亚的 58 个马鹿种群的微卫星变异，评价了过度捕猎30年后伊比利亚马鹿种群的遗传格局。研究检测到马鹿种群在空间上分为5个遗传簇，与历史残余种群的地理位置相对应，表明马鹿目前的遗传背景可能依然保留了历史残存种群存在的许多遗传变异。同时发现32%的种群呈现出一定程度的近亲繁殖，建议使用来自不同遗传簇的个体来建立新的鹿群，并仔细监测繁殖者的遗传背景，以防止进一步的近交和偶然的杂交，避免伊比利亚马鹿种群遗传多样性的丧失以及遗传特性被削弱。

环境因素和进化史共同影响着物种的遗传变异，而过去多数研究都集中在对单一物种的影响上，这些影响对物种间是否有相同的驱动作用或不同物种是否分别受到不同的作用力尚不明确，为此需要进行多物种分析。Vernesi等（2016）基于mtDNA和微卫星位点，分析了意大利东部阿尔卑斯山的5种哺乳类物种，即狍（*Capreolus capreolus*）、马鹿、岩羚羊（*Rupicapra rupicapra*）、雪兔和欧洲野兔（*Lepus europaeus*）的分子变异。使用系统地理学和景观遗传学分析，来检验大尺度地理历史和当代景观环境特征对遗传多样性和分化的相互影响。结果发现，除欧洲野兔外所有研究物种都明显分为两个种群遗传簇，分别位于阿迪杰河谷（Adige）的西部和东部，欧洲野兔种群遗传连续性可能是过去几十年持续将圈养个体野外放归的结果。每个物种种群内遗传多样性水平与一些景观特征，如草地、河道和人类活动区的比例之间存在显著相关性。尽管异质性景观对种群内部遗传多样性有一定影响，但某些物种有较强的扩散能力，其生物地理历史可能会对当前的遗传格局产生更大的影响。

1.2.4.3 景观遗传学的发展

目前，景观遗传学仍在继续发展，新的分析方法也在不断地被提出。Prunier等（2017）提出一种新的分析方法，评价了马鹿种群间基因流的景观隔离问题。基于个体间的分层遗传距离（hierarchical genetic distances）的计算，即从聚类算法推断出的种群分层结构，其中分层遗传距离可以作为多元回归中的因变量，以评估各种景观因子对遗传分化空间格局的影响。但是，多重共线性可能会模糊多元回归的解释，而Prunier等采用回归共性分析（regression commonality analysis）可以揭示在传统回归分析过程中可能被忽视的相关性。Dellicour等（2019）基于标记重捕法和微卫星遗传数据，评价了比利时瓦隆地区景观特征对马鹿和野猪的个体扩散和遗传变异空间格局的影响。遗传学分析评价了个体间遗传距离与电流理论（circuit theory）构建环境距离之间的相关性（成对法），以及局部遗传差异与环境状况之间的相关性（点法）。标记重捕法的数据初步分析证实，高速公路是种群扩散的重要屏障，但是成对法分析没有发现高速公路对遗传分化影响的任何证据，这可能是由于高速公路建立较晚的原因。点法的补充分析表明，低海拔地区往往与较高的遗传异质性有关。从方法论的角度来看，该研究表明在景观遗传学研究中成对法和点法以及单变量和多变量分析互补应用的必要性。

1.2.4.4 国内马鹿景观遗传学研究现状

在国内，主要见高惠（2020）对阿拉善马鹿种群遗传分化驱动因素进行了研究。研究基于微卫星位点共享等位基因比例获得个体间的遗传距离，以电流理论构建了个体间的环境距离，最后分别采用单变量阻力模型、多变量阻力模型和线性混合模型分析遗传距离与环境距离之间的相关性。结果表明，地理距离对阿拉善马鹿种群遗传分化具有一定的影响，但并不是分化产生的最主要原因。而景观因子是导致阿拉善马鹿遗传分化的主要外部因素，地形复杂度、坡向、海拔和坡度的组合对其遗传变异的空间分布具有重要作用，其中地形复杂度是阻碍马鹿扩散的最重要环境变量。

1.2.5 马鹿扩散模式研究

1.2.5.1 扩散的原因和研究方法

许多物种的扩散形式是其生活史的重要组成部分，大多数哺乳类动物中雄性属扩散性别，而鸟类动物中雌性更具扩散性，但仍有许多例外情况被发现。这种偏性扩散（sex-biased dispersal）可能有三个关键因素在起作用：第一是近交回避假说，即同一性别的所有个体扩散开，近亲间的交配机会就会减少，从而可以有效避免近交繁殖，其中近亲交配代价最大的那种性别更可能发生扩散；第二是本地配偶竞争假说，即个体扩散后将不需要与亲属竞争配偶，从而提高其广义适合度，哺乳类雄性动物内部的配偶竞争比雌性更激烈，这可能有利于偏雄性的扩散；第三是资源竞争假说，即哺乳类动物的雌性通常要自己哺育它们的幼仔，而在本地较为熟悉的环境中更可能成功，也因此雌性选择留居（philopatric）更能提高繁殖成功率。要决定哪一种假说能为特定物种的偏性扩散提供最合理的解释通常会很困难，因为这些相关假说可能互不排斥。另外，随着时间的推移，环境条件或局域种群密度等因素的变化也可能导致扩散形式和原因发生改变。动物的扩散研究因其活动具有隐蔽性，采用直接观测法来获取结果往往比较困难，而当前基于种群遗传数据有越来越多的方法用于推断偏性扩散，如种群间遗传分化核与线粒体标记间的比较、不同性别种群或个体间的亲缘关系、F_{st}、分配检验和空间自相关等方法的比较，以及这些方法的综合分析。

1.2.5.2 国外马鹿扩散研究进展

Nussey 等（2005）和 Frantz 等（2008）基于微卫星标记分别对苏格兰拉姆岛与法国东北部 Petite Pierre 保护区的马鹿种群小尺度空间遗传结构，以及 20 多年期间内遗传结构的变化进行了研究。结果均表明雌性马鹿中存在小尺度的空间遗传结构，而雄性中却不存在，说明马鹿具有偏雄性扩散和雌性留居的典型哺乳动物扩散模式。研究期间内，苏格兰地区取消了对雌性马鹿高选择性狩猎的政策，法国保护区内却一直存在这种选择性狩猎，导致两个地区马鹿种群内繁殖雌性个体分别增加和减少，而一雄多雌制的水平（雄性繁殖成效的差异）都有所下降，随着时间的推移，雌性种群小尺度空间遗传结构持续下降。一般认为，配偶竞争是导致扩散的重要选择压力，竞争水平的性别差异可能会导致雄性和雌性在扩散和留居上付出与收益平衡的不对称性，这可能会促使在大多数哺乳类的一雄多雌制物种中出现偏雄性扩散。如果配偶竞争减轻，偏雄性扩散应该会减少，其中马鹿通常为偏雄性扩散，那么配偶竞争水平如何影响马鹿扩散模式？Pérez-González 和 Carranza（2009）发现西班牙西南部的无围栏狩猎场内的马鹿种群结构发生了变化，性比明显偏向雌性，而年幼马鹿中雄性比例较高，这些种群中的配偶竞争明显低于其他最典型的马鹿种群。结果表明，基于此种群结构发生变化的条件下，扩散是偏向雌性而非偏向雄性。此外，配偶竞争与雄性扩散呈正相关，与雌性扩散呈负相关，其他因素（如资源竞争和个体年龄）与雄性或雌性扩散无关。如果性别内部竞争低，雄性可能不会扩散，而雌性可能会因雄性留居而扩散。该研究提出与雌性配偶选择有关的假说，以解释雄性留居下的雌性扩散。同时，偏性扩散模式沿着配偶竞争梯度的变化，强调了其条件依赖性以及在偏性扩散演化过程中雄性扩散和雌性扩散之间的互作。

对于一雄多雌制物种，两性个体可能会受到不同主导制约性因素的影响，因此两性在扩散距离和扩散率上也会有不同表现。Loe 等（2009）使用标记重捕数据，在 20 年期间种群大小增加了 6 倍的情况下，研究了挪威 Snilfjord 地区的 468 只幼年马鹿的扩散变化。结果表明，雄性迁移率存在强烈的负密度制约性，而雌性迁移率较低且不受密度影响。离开出生地的迁移雄性将定居在低密度区域，与 1977 年低密度种群（26km）相比，1997 年高密度种群（37km）扩散的雄性迁移距离增加了 42%。强调了在高度一雄多雌制物种中，扩散距离和扩散率的密度制约性模式在两性间的影响可能存在显著不同。一雄多雌制哺乳动物，通常预测其扩散模式为偏向雄性，但是随着实证研究的增加，表明在偏向扩散的方向和程度上预测和实际情况可能不符。Pérez-Espona 等（2010）基于 21 个微卫星位点和线粒体控制区，评价了苏格兰高地 13 个研究地点 568 只成年马鹿个体的偏性扩散。线粒体序列（mtDNA）的种群结构估计值是微卫星数据（Micros）的 8 倍左右（$F_{st\text{-}mtDNA}=0.831$，$F_{st\text{-}Micros}=0.096$），表明研究区域内整体上呈现偏雄性扩散。微卫星数据表明，整体研究区域中偏雄性扩散占主导地位，但雌性的 F_{st} 和亲缘关系值仅略大于雄性。基于个体的空间自相关分析，在地理距离上两性具有相似的亲缘关系模式，仅在距离间隔（25～30km 和 70～112km）上存在显著差异。不同研究地点的亲缘关系模式有所不同，在 8 个地点中检测到偏雄性扩散，而在其余 5 个地点中未发现偏性扩散。种群密度和景观覆盖均未与整个地区的亲缘关系模式有联系。研究认为，不同地区管理策略的差异导致年龄结构、性比和扩散行为等方面的不同是影响亲缘关系模式的潜在因素。

繁殖性扩散具有重要的生态学和进化意义，然而在哺乳动物中却很少被关注。Jarnemo（2011）通过直接观察法（其中有 12 只雌性个体采用 GPS 项圈进行跟踪）研究了瑞典南部马鹿发情期亚种群间雄性个体的扩散情况，包括约 400km^2 的研究区域、11 个发情地区和 12 年的跟踪观察。结果发现，发情期间所有 12 只雌性个体在各自发情地区都未发生迁移。非发情季节雄性马鹿大部分时间都在发情地区以外的地方活动，而在发情之后会返回这些发情地区。在发情季节，不同发情地区的雄性马鹿频繁交换，表明马鹿繁殖性扩散的潜力很大。记录的 91 次雄性个体迁移中最长的迁移距离为 18.5km，其中包括幼鹿（1 岁）个体进行 7 次、亚成体（2～6 岁）46 次、成体（>6 岁）38 次。雄性个体向雌性较多和雌性/成年雄性比例较高地区有显著的迁移趋势，但向雌性/所有雄性比例较高地区迁移的趋势不显著，说明处于统治地位的成年雄性会驱赶其他雄鹿加入此繁殖群，进而使其进入其他群体，而幼鹿和亚成体雄鹿往往不能阻止其他雄鹿的加入。因此，认为配偶竞争驱动了雄性马鹿的繁殖性扩散。

为了解大黄石生态系统内马鹿种群间的基因流，量化种群遗传结构模式。Hand 等（2014）基于微卫星位点和线粒体控制区序列，以及 8 个种群的 380 只个体，对大黄石生态系统内马鹿之间的偏性基因流进行了评价。结果表明，与核微卫星数据的种群间遗传分化（$F_{st}=0.002$；$P=0.332$）相比，mtDNA 的遗传分化水平相对较高（$F_{st}=0.161$；$P=0.001$），说明种群间雌性的基因流相对较低；雄性和雌性基因流的比率（$m_m/m_f=$

46）为已知大型哺乳动物中最高的，这些结果说明了大黄石生态系统内马鹿呈现偏雄性扩散模式。对于 mtDNA，种群间的遗传距离与地理距离（欧式距离）没有显著相关（Mantel's r=0.274，P=0.168），某些地理上最近种群间（<65km）的遗传距离反而较大（例如 F_{st}>0.2），表明行为因素和/或景观特征可能决定了雌性基因流模式的形成。鉴于明显的性别偏向基因流，该研究建议在未来的研究和保护工作中，在构建基因流廊道或预测母系传播疾病范围时应考虑到性别差异。

1.2.5.3 国内马鹿扩散研究现状

物种选择哪种扩散模式，受物种本身、人类社会以及环境等综合因素的影响，在不同条件影响下，可能会出现与传统认知有差异的扩散模式。高惠（2020）基于 7 种方法得出结论，阿拉善马鹿的雌性和雄性均可发生扩散，但雄性扩散的比例和扩散距离均大于雌性，从整体看阿拉善马鹿符合一般哺乳动物的偏雄性扩散特征。阿拉善马鹿雌性平均扩散距离为 0.89km，雄性平均扩散距离为 19.23km，大部分雄性可跨山脊进行长距离扩散，雌性在山脊同侧的相邻地理群间扩散。局部空间自相关分析表明阿拉善马鹿雌性群体并不符合“玫瑰花瓣模型”中空间利用的排他性，没有亲缘关系的雌性生活空间可出现重叠。

1.2.6 东北马鹿国内研究现状

1.2.6.1 种群数量研究

东北马鹿在我国曾广泛分布于东北林区，黑龙江省 1974—1976 年约有 3.6 万只野生马鹿，1990 年马鹿数量增长到 4.5 万只（黑龙江和吉林两省近 10 万只），但分布区面积却减少了 30%～40%，出现明显的分布区退缩和生境破碎化现象。其中马鹿种群数量增幅较大的是大兴安岭、小兴安岭北坡和完达山脉，而小兴安岭南坡、老爷岭和张广才岭的数量出现下降。这两个时期，完达山脉都是黑龙江省马鹿最大种群密度分布区，生境破碎化和非法盗猎导致该地区马鹿数量一直在急剧下降。调查发现，完达山地区 1989 年马鹿种群密度为 1.05 只/km^2，2002 年为 0.20 只/km^2，1989—2002 年间种群密度年均递减率为 13.48%；2004—2010 年种群相对丰富度年均递减率为 37.30%；2015 年调查显示，完达山地区的马鹿已濒临灭绝。1990—2000 年间黑龙江省马鹿数量减少了 35%。目前为止我国东北马鹿种群数量还没有准确的调查数据，根据近几年野外调查结果显示，在很多地区已很难发现其活动踪迹，虽然在有限的几个重点地区东北马鹿种群数量较历史最低值有所回升，但东北马鹿整体种群的现状并不乐观，因此有必要尽快开展东北马鹿种群分布和数量评估等基础性研究。

1.2.6.2 生境选择与评价

对东北马鹿比较全面的研究始于 20 世纪 80 年代，常弘和肖前柱（1988）分析了带岭地区马鹿冬季对生境的选择性，基于数量化理论筛选出了影响马鹿选择生境的主要生态因子。张明海和肖前柱（1990）对带岭地区马鹿冬季采食生境和卧息生境选择进行了研究，确定了影响的主、次要因子，及其最适的生境选择。李玉柱等（1992）探讨了黑河市胜山林场驼鹿（*Alces alces*）、马鹿和狍在食物、采食高度和生境三维生态位上的重叠关系。姜广顺等（2005、2006）、周绍春等（2006）、李言阔等（2008）基于景观生态学原理、地理信息系统技术和数量统计学等方法，分别对完达山东部地区马鹿生境破碎化、采伐与非采伐区和基于生境可获得性的冬季生境选择进行了研究。Jiang 等（2006、2007、2008）分别研究了完达山东部地区生境因子对有蹄类动物空间分布的影响，在人类干扰下马鹿活动、采食和卧息生境的选择，以及马鹿与狍的生境利用和分离。张立博（2016）评价了内蒙古高格斯台地区东北马鹿冬季生境空间结构，得出无人为干扰时马鹿适宜生境分布均匀，有人为干扰时生境急剧破碎化，道路和人类活动严重影响马鹿的生存。

1.2.6.3 食性与营养适应策略

陈化鹏和肖前柱（1989）采用粪便显微技术，研究了带岭地区马鹿冬季食性组成、营养质量和食性的选择性。李言阔和张明海（2005）对完达山东部地区马鹿冬季食性进行了研究。黄晨（2015）比较了黑龙江穆棱与内蒙古高格斯台地区马鹿冬季食性、营养和适应策略。冯源（2017）评价了穆棱地区马鹿冬季的食性与营养，并与狍的营养选择进行了比较。Zhong 等（2020）对穆棱地区同域分布马鹿与梅花鹿间的食物组成、食性选择、啃食直径和采食强度进行了比较研究。特别指出，在晚冬时期梅花鹿倾向于增加啃食直径以满足食物摄入量和营养需求，而马鹿倾向于增加采食强度以保持较高的食物摄入量。

1.2.6.4 种群动态研究

张明海等（1992）观察了完达山地区马鹿集群行为，明确了鹿群的大小、类型及其季节性变化。陈化鹏等（1997）对黑龙江省的马鹿种群动态、生态学、生理学、食性与营养、饲养繁殖和保护管理等研究进行了全面概括。张明海等（2000）基于臼齿磨损率探讨了马鹿年龄的鉴定方法。刘群秀等（2007）、张明海和刘群秀（2008）分别对完达山东部地区偷猎对马鹿种群动态的影响和冬季环境容纳量进行了研究。Zhou 和 Zhang（2011）评价了完达山地区有蹄类动物死亡的原因和生境质量，结果表明钢丝套和投毒严重威胁了野猪、马鹿和狍 3 个物种的生存，其中盗猎引起的马鹿死亡达到 91.89%。建议保留资源类生境（source-like habitat），以防止生境的丧失和退化；同时应有效管理沦陷生境（attractive sink-like habitat），以降低有蹄类动物的死亡风险。特别强调，主管部门应增加行动，以减少人为因素导致有蹄类动物的死亡。张常智和张明海（2011）、周绍春等（2011）分别对完达山东部地区东北虎猎物种群动态和生物量进行了评价。Gu 等（2018）比较了中国珲春和俄罗斯滨海边疆区西南部东北虎食性和猎物偏好，在中国地区的东北虎粪便样本中共鉴定出 12 种猎物，其中 4 种为家畜，占生物量的 33.58%。东北虎表现出对野猪的强烈偏好，并且强烈回避狍。在俄罗斯地区，很少在东北虎粪便中鉴定出家畜，没有强烈回避狍，而是回避梅花鹿。中国珲春地区冬季野外发现了马鹿的足迹，同时东北虎也有猎食马鹿的迹象；而俄罗斯滨海边疆区西南部地区由于野外缺少马鹿，因此没有发现东北虎猎食马鹿的记录。

1.2.6.5 种群遗传学研究

田新民等（2010）、田新民和张明海（2010）、Tian 等（2019）基于粪便 DNA 分析技术分别对完达山东部地区马鹿种群遗传多样性、数量与性比、冬季家域进行了研究。Tian 等（2020）通过 mtDNA 和微卫星标记，对内蒙古高格斯台地区东北马鹿种群遗传多样性和历史动态进行了评价。郭金昊等（2020）分析了内蒙古高格斯台地区东北马鹿冬季肠道微生物的多样性与结构。

1.2.7 科学问题及创新点

东北马鹿是北方森林生态系统的重要组成部分，该濒危物种的保护与恢复对维持区域生物多样性平衡，特别是东北虎、豹的生存至关重要。从20世纪初开始，最初受战争的影响，持续的生境破坏和人类活动干扰，使东北马鹿种群数量和分布区一直在下降和缩小。近年来，随着实施天然林保护工程、划定生态红线和国家公园一体化建设，以及加大对野生动物的保护力度，东北马鹿的生境得到逐步恢复，种群数量在重点区域也有一定的回升。但是，东北马鹿可能依然面临着生存威胁：①局部地区依然存在非法盗猎的威胁；②种群遗传多样性匮乏，适应性下降；③生境破碎化，基因交流受阻，隔离小种群受种群崩溃威胁。

目前，东北马鹿种群遗传学研究存在的主要问题有以下几点。①在21世纪初才开展了东北马鹿种群遗传学方面的研究，研究地区主要是在完达山东部林区，近几年开始在大兴安岭南部、内蒙古高格斯台地区和老爷岭的穆棱林区也开展了相关研究。种群遗传学的研究内容还不够深入，特别是缺乏整体的种群遗传学信息。②过去种群数量的持续下降，是否对种群遗传变异产生影响，未来种群的发展潜力如何？③种群间基因交流是否受到明显的阻隔，哪些因素在起作用，又对未来的种群恢复工作有哪些提示？

因此，本文从种群遗传学和景观遗传学出发，假设：①东北马鹿的各局域种群及其整体遗传多样性对人类活动存在响应机制（第3、4、5章）；②东北马鹿的空间遗传格局受生物地理历史和当代景观环境特征同时调控（第6、7章）。利用种群遗传学方法，开展人类活动影响下东北马鹿种群遗传多样性、遗传结构与统计学历史变化研究；利用景观遗传学方法，开展景观环境特征对种群遗传分化与基因流影响的研究；利用分子生态学方法，开展东北马鹿种群扩散模式研究。

本文主要创新点：①首次应用种群遗传学、空间生态学和景观遗传学等多学科相结合的方法，对东北马鹿种群遗传学现状进行了全面评价；②系统揭示了地理隔离与环境隔离对种群遗传分化的作用机制；③将多种分子生态学方法结合运用，较全面地研究了东北马鹿的扩散模式，克服了直接观察法难以捕捉个体的限制，也弥补了采用单一方法研究的不足。

1.3 研究的总目标及主要研究内容

1.3.1 研究的总目标

本文旨在研究分析目前东北马鹿各局域种群与整体种群的遗传多样性和种群统计学历史；检验种群遗传结构及其景观特征对种群间基因流的影响，确定进化显著单元和管理单元；探讨东北马鹿的扩散模式，为东北马鹿的科学保护提供管理建议。

1.3.2 主要研究内容

（1）东北马鹿种群遗传多样性评价　包括粪便样本的采集、物种鉴定与个体识别；基于 mtDNA *Cyt b*、控制区和核微卫星分子标记长期隔离下小种群东北马鹿各局域种群和整体种群的遗传多样性水平评价。

（2）东北马鹿种群统计学历史的揭示　包括基于 mtDNA 和微卫星位点综合评价各局域种群及整体种群是否经历了种群扩张或瓶颈效应，各局域种群是否存在近亲繁殖情况，评价当代有效种群大小和种群间个体迁移率。

（3）东北马鹿种群遗传结构分析　基于系统发育关系和贝叶斯聚类分析，检验东北马鹿种群间是否存在显著的遗传分化，探讨地理距离对种群遗传分化的影响，确定进化显著单元和管理单元。

（4）景观特征对东北马鹿种群基因流的影响　利用景观遗传学方法探讨景观因子对种群基因流产生的作用，基于人工景观和自然景观因子构建种群间最小成本距离，检验其与遗传距离的相关性，评价影响种群间基因流动的主要因素。

（5）东北马鹿种群扩散模式研究　在个体性别鉴定基础上，结合多种评价方法，检验东北马鹿的扩散行为是否符合一雄多雌制哺乳动物常见的偏雄性扩散模式。进而从物种自身和景观特征两方面评估东北马鹿种群遗传分化的原因，为这一濒危物种提供科学保护建议。

2 研究地区自然概况

根据东北马鹿种群分布现状并参考已有的文献报道，我们选择在黑龙江省、吉林省和内蒙古自治区的以下 6 个区域开展野外工作：大兴安岭北部的黑龙江双河国家级自然保护区（S）、南部的内蒙古高格斯台罕乌拉国家级自然保护区（G），小兴安岭南部的黑龙江省铁力林业局施业区（T），长白山脉张广才岭北部的黑龙江省方正林业局施业区（F）、南部的吉林黄泥河国家级自然保护区（H）和老爷岭的黑龙江穆棱东北红豆杉国家级自然保护区（M）。各研究区域之间的距离为 160～1 068km，基本代表了目前东北地区东北马鹿的主要分布区。

2.1 黑龙江双河国家级自然保护区

黑龙江双河国家级自然保护区（简称双河保护区）位于中国北部边陲大兴安岭地区的东北部，塔河县十八站林业局施业区内，以黑龙江为界与俄罗斯隔江相望，是中国位置最北的自然保护区，总面积 888.49km^2，为典型寒温带生态系统类保护区。

保护区地势较为平坦，海拔为 200～515m，15°以下平缓坡占总面积的 90%。属于寒温带大陆性季风气候区，冬季漫长而寒冷，年均气温为 −4.3℃，极端最低气温为 −45.8℃，极端最高气温为 38℃。年平均降水量为 460mm，有霜期从 9 月上旬至翌年 5 月下旬，冰冻期长达 7 个月，全年平均积雪期为 165～175d，平均冻土厚度为 2.5～3.0m，并且在局部低洼沼泽地带有岛状永冻层分布。

植物生长期为 110d 左右，植被类型主要有森林、灌木和沼泽，其中以森林植被为主。植物区系属泛北极植物区，森林植被类型主要是混有阔叶树种的寒温带针叶林，以兴安落叶松（*Larix gmelinii*）为优势树种。动物资源主要以适应寒冷气候的寒温带种类为主，北靠黑龙江，其内大小支流较多，鱼类较为丰富；两栖爬行类因寒冷气候所限，种类较为稀少；鸟类种类繁多；兽类有 13 科 28 种，占黑龙江省兽类种数的 31.81%。保护区内分布着众多国家重点保护野生动物，国家一级保护动物主要有驼鹿、貂熊（*Gulo gulo*）、紫貂（*Martes zibellina*）、原麝（*Moschus moschiferus*）、黑嘴松鸡（*Tetrao urogalloides*）等，国家二级保护动物主要有马鹿、棕熊（*Ursus arctos*）、猞猁（*Lynx lynx*）、狼（*Canis lupus*）、雪兔（*Lepus timidus*）等物种。

作为马鹿的主要天敌，貂熊和狼种群数量极其稀少，对马鹿构成威胁的主要为猞猁，2015 年野外调查显示保护区内猞猁的相对密度为 0.325 只/km^2。马鹿种群数量为 90 只左右，与其存在种间竞争的大型鹿科动物驼鹿种群数量为 240 只左右，两个物种均与俄罗斯种群有交流。保护区内无大型公路，主要有小型的防火道路通过；农田面积约为 0.68km^2，仅占保护区总面积的 0.077%；村庄只有 1 个，8～9 户；区内黑龙江的支流较多，主要河流为大西尔根气河和小西尔根气河，河宽分别为 40m 和 10～20m。

2.2 内蒙古高格斯台罕乌拉国家级自然保护区

内蒙古高格斯台罕乌拉国家级自然保护区（简称高格斯台保护区）位于大兴安岭南部，内蒙古赤峰市阿鲁科尔沁旗北部，总面积为1 062.84km²。保护区的东部和通辽市毗邻，南部与赤峰市相连，西部和锡林郭勒盟接壤，北接阿鲁科尔沁旗。保护区正处于东北、华北、蒙新动物区系交汇点，为森林与草原、寒温带针叶林与东亚阔叶林交汇的典型过渡地带。

保护区处于大兴安岭山脊部位阿尔山支脉，山地分布了较多的山沟和冲谷，从而形成了以山地为主的地貌。海拔高度为800～1 500m，属于中低山和丘陵河谷地形。地貌类型主要有河谷地貌、重力堆积地貌和冰川地貌三种。按中国气候区划分类，保护区地处中温带半干旱大陆性季风气候区，年平均温度为3.8℃，无霜期为115d，年降水量为437.3mm，年蒸发量为1 958.1mm。冬季寒冷漫长，平均气温为－7.5～15.0℃，1月最为寒冷，平均气温为－16℃，极端最低温为－42℃。冬季平均积雪天数为30d，最长连续积雪天数可达100d。最大冻土深度在2m以上，年平均风速为3m/s左右。保护区的河流属于西辽河流域，乌力吉木伦河水系和霍林河水系，共有14条河流发源于保护区境内。

保护区植物属于欧亚草原区植物区的大兴安岭南部山地，因与大兴安岭北部山地连成一片，西南与燕山北部的山地相邻，许多植物分区在本区内相互交叠，丰富了本地区的区系地理成分，为研究植物区系历史的一个关键区域。据不完全统计，区内有高等植物842种，蕨类植物10种，苔藓植物132种。多样的植物资源为野生动物提供了适宜的栖息条件，保护区有脊椎动物246种，其中鱼类11种、两栖类4种、爬行类7种、鸟类185种、兽类39种。生境类型复杂，动物地理类群多样，因此保护区珍稀动物较多。国家级保护动物有39种：其中国家一级重点保护动物2种，均为鸟类；国家二级重点保护动物38种，鸟类35种，兽类3种（为马鹿、猞猁、狼）。

马鹿的天敌猞猁和狼的种群数量极其稀少，而马鹿种群数量为3 000只左右，为当前东北马鹿种群密度最高的分布区。2014年卫星图片结果显示，区内森林、草地、裸地、水体和建筑用地分别占保护区总面积的56.68％、24.12％、16.07％、0.26％和0.11％，无大型公路和宽大河流。核心区内有一定数量的圈养马鹿种群，存在对野生种群基因污染的风险。

2.3 黑龙江省铁力林业局施业区

铁力林业局施业区地处小兴安岭南部，其辖区隶属伊春林业管理局，全局施业区总面积为2 042.34km²，下辖11个林场。辖区东西宽45km，南北长56km，北靠翠峦林业局施业区；西与绥棱林业局施业区和庆安县相连；南接铁力市和庆安县；东邻乌马河、带岭和桃山林业局施业区。

该地区的地势北高南低，东高西低，海拔225～1 148m，平均海拔在500m左右，低山多在300～700m之间，多为山区台地，部分为丘陵和沼泽。辖区内可分为两大片，东片属大依吉密河水系，西片属欧根河水系。铁力林业局施业区隶属中温带大陆性季风气候区，最高气温达35℃左右，最低气温达－41℃，冬季土壤冻层厚度达2m左右。年降水量在600mm左右，年积雪日数超过100d，无霜期为110～120d。全局河流密布，相对较大的有16条，全部为松花江支流水系，其中东部的大依吉密河宽45m、深约1m，流经辖区80km汇入呼兰河。

铁力林业局施业区内植被类型隶属中国东北区长白植物区系小兴安岭亚区，以红松（*Pinus koraiensis*）为优势种的针阔混交林为主，植被随海拔的变化，表现出较明显的垂直分布规律。20世纪80～90年代开始小兴安岭地区已见不到东北虎、驼鹿和梅花鹿，现在主要的鹿科动物为马鹿和狍，野外调查表明在小兴安岭南部有一定数量的马鹿分布，但种群密度很低。分别在2014、2019和2020年共有5只东北虎进入小兴安岭南部或东北部地区，其中2019年的1只雄性东北虎扩散到带岭和朗乡一带，但这些个体终未在小兴安岭定居下来。

辖区内有鹤哈高速（G1111）、国道G222、省道S203和铁路纵横境内，也正是这些道路的阻隔，小兴安岭南部被分割为东、西两部分，在辖区南部的铁力市有大量城镇、村庄和农田分布。当前，该地区野生动物生境的改变和人类活动的干扰较为明显。

2.4 黑龙江省方正林业局施业区

方正林业局施业区位于长白山脉张广才岭东北部，地处黑龙江省中腹，松花江中下游南岸，牡丹江下游西岸，局址设在方正县高楞镇。南北长52km，东西宽48km，总面积为2 035.82km^2。施业区东以牡丹江为界，与林口林业局施业区相连，南靠柴河林业局施业区；西接方正县，西北隔松花江与兴隆林业局施业区、清河林业局施业区相望；北与方正、依兰两县毗邻。施业区跨方正、林口、依兰三个县。

张广才岭从林区中部穿过，构成了中部的中山区和东、西部的低山区，南部的高山陡险地，山脉平均坡度在14°左右，最大坡度为40°。最高海拔为1 357m，位于红旗林场西界；最低海拔100m，位于施业区北部边界瓦红河与松花江交汇口处；平均海拔为450m。方正林业局施业区地处中温带大陆性季风气候，最高温度为37.5℃，最低温度为－40.3℃，平均气温在2.5～4.0℃之间，年降水量在600～700mm，无霜期为90～120d。

方正林业局施业区东部边界为牡丹江，北部为松花江，也因此构成了该林区内流入松花江的北山水系与注入牡丹江的南山水系，主要支流有流入松花江的大、小罗勒密河，河宽10～20m，长度分别约为70km和80km，以及流入牡丹江的四道河，宽20～30m，长度约50km。植被有红松阔叶林、云冷杉林、柞树林、白桦林、山杨林、落叶灌丛、草甸和水生植被等，据统计林区维管束植物为116科796种，其中裸子植物6种、被子植物751种、蕨类植物39种。现有兽类49种，其中国家一级重点保护动物3种、国家二级重点保护动物7种；鸟类152种，其中国家一级重点保护动物2种、国家二级重点保护动物21种；爬行类9种；鱼类7种。

该地区林地面积为2 021.67km^2，占总面积的99.31%，农田、水域、道路和建筑用地等面积占0.69%。施业区内有3个乡镇、46个自然村屯，农林混居严重。林区北部有哈同高速（G1011）、国道G221和哈佳高铁穿过。该地区作为东北虎的历史分布区，张广才岭与小兴安岭之间的动物重要迁移廊道，具有重要的研究价值。

2.5 黑龙江穆棱东北红豆杉国家级自然保护区

黑龙江穆棱东北红豆杉国家级自然保护区（简称穆棱保护区）位于牡丹江市穆棱林业局施业区内，东西宽33km，南北长31km，总面积为356.48km^2。保护区东部同黑龙江省绥阳林业局施业区相邻，东南部同吉林省天桥岭林业局施业区接壤；南部、西部与吉林省汪清林业局施业区毗邻；北部与穆棱林业局施业区内其他林场相连。

保护区隶属长白山系老爷岭山脉南部，海拔为500～900m，相对高度为150～450m。保护区内集中生长着约16万株、总面积为350km^{2}的第三纪孑遗的珍贵乔木，国家一级保护植物东北红豆杉（*Taxus cuspidata*），是迄今为止在中国东北林区发现的面积最大、最完好的东北红豆杉集中分布区。

该保护区地处中温带大陆性季风气候，年平均气温为3.5℃；最冷月份为1月，平均温度为−18.3℃；最热月份7月，平均温度为21.8℃；极端最低气温为−44.1℃，最高气温为35.7℃。年均降水量为505mm，全年无霜期为126d。保护区内主要河流为穆棱河，发源于和平林场南端的窝集岭，河全长635km。

保护区位于长白山脉北端，老爷岭南坡，在我国植被区划上属于温带针阔混交林区域，其地带性植被是以红松（*Pinus koraiensis*）为主的针阔混交林。经调查保护区内常见植物达839种，其中被子植物779种、裸子植物9种、蕨类植物51种。本区共有兽类41种、鸟类141种、爬行类11种、两栖类10种和鱼类35种。

保护区内生态公益林占70%以上，其余为商品林区和极少量的农田。作为东北虎、豹的重要分布区，已被纳入东北虎豹国家公园规划和管理范围。该区除马鹿外，还有数量相当的梅花鹿分布，也是研究两个物种间生态位竞争与渐渗杂交等内容的理想地区。

2.6 吉林黄泥河国家级自然保护区

吉林黄泥河国家级自然保护区（简称黄泥河保护区）位于长白山脉张广才岭南部，吉林省敦化市的西北部，吉林、黑龙江两省交界处。东部、南部与黄泥河林业局施业区交界，西部与吉林省蛟河市接壤，北部与黑龙江省三合屯林业局施业区相邻。由7个林场组成，总面积为415.83km^2，其中林地、湿地、草地和苗圃农田面积分别占88.77%、7.20%、3.05%和0.78%。

保护区总体地势北高南低，地形垂直变化大，北部最高峰老白山海拔为1 969.2m，南部是丘陵低山区位于团北林场周围，额穆林场南方的珠尔多河河谷为最低点，海拔为370m。保护区为中温带大陆性温润季风气候，全年约有5个月的冰封期，结冰期约为210d，无霜期较短约为120d。年平均气温为2.6℃左右，极端最低温为−39.4℃，最深雪被厚度达55cm以上，年均降水量约为632mm。

随着地势高低变化，保护区内温度和降水呈现显著的垂直变化特征，植被呈现明显的垂直地带性。自下而上分为 4 个垂直地带：山地针阔混交林、山地针叶林、山地岳桦林和高山偃松带。保护区内主要河流有：珠尔多河、威虎河、东北岔河和马鹿沟河，最终汇入牡丹江。保护区内的湖泊多为水量较小的山谷间小型湖泊，也为泥岩沼泽的形成提供了条件。

保护区内共有植物 134 科 863 种，其中 12 种国家级保护植物；脊椎动物 74 科 231 种，属于国家级保护动物的有 31 种。该地区为东北虎的重要分布区，调查显示马鹿种群数量有 100 只左右，为长白山地区种群密度最高的分布区。高速公路有 G10、G11、G12，并受沿线的铁路、国道等因素的阻隔，可能影响该地区马鹿种群与其他地区种群间的交流。

3 东北马鹿种群遗传多样性评价

3.1 引言

遗传多样性对于维持物种的适应性进化潜力和生殖健康具有重要的作用，已成为保护遗传学的主要研究内容。同时，遗传多样性是物种多样性和生态系统多样性的重要基石，其遗传多样性信息在物种保护策略的制定和评估中起着极其重要的作用。越来越多的证据表明濒危物种种群的遗传变化与种群命运息息相关，特别是遗传多样性的降低在物种灭绝中扮演重要的角色。短期内，濒危物种遗传多样性的下降可能会降低物种的繁殖能力，长期上将削弱种群对环境变化的适应潜力，在恶劣环境下这些濒危物种极易遭受灭绝。小种群的遗传多样性降低，加之近交衰退和遗传结构的不利影响，将进一步加大濒危物种的灭绝风险。研究显示，多数濒危物种正在遭受着遗传多样性降低的危害。因此，对于濒危物种的长期生存，遗传多样性及其相关因素是保护的核心。

在我国东北地区，东北马鹿受生境破碎化和人类活动干扰的长期影响，其种群数量和分布区一直在下降和缩小，目前可能已形成相互隔离的零星分布小种群状态。种群数量下降、分布区隔离、遗传漂变等因素是否对种群遗传多样性产生影响，东北马鹿种群未来对环境变化和疾病的适应能力如何……这些问题仍有待进一步研究。因此，本章基于 mtDNA *Cyt b* 基因、控制区序列和核微卫星分子标记，以及粪便 DNA 分析方法，对东北马鹿各局域种群和整体种群遗传多样性进行评价。

3.2 材料与方法

3.2.1 样品采集

2016 年 12 月至 2019 年 1 月连续 4 个冬季，在第 2 章所述大、小兴安岭和长白山脉的 6 个研究地点采集马鹿粪便样本。采样期间为冬季积雪覆盖期，有助于发现和跟踪马鹿足迹链。采集粪便样本时佩戴 PE 手套将其装入封口袋内，GPS 定位并记录，采集不同样本时要更换 PE 手套避免交叉污染。获得一条足迹链上样本后，寻找并跟踪其他足迹链，以便获取更多个体的样本。将所获样本置于室外低温环境下避光保存，样本采集结束后于实验室－80℃超低温冰箱内保存，并尽快开展分子生物学实验分析。最终，在 6 个研究区域共采集马鹿样本 409 份，见表 3-1。

表 3-1 东北马鹿粪便样品采集

研究地区	代码	粪便/个体数量	地理位置	采集时间
双河保护区（双河）	S	36/17	大兴安岭北部	2018.3
高格斯台保护区（高格斯台）	G	108/49	大兴安岭南部	2016.12；2017.1
铁力林业局施业区（铁力）	T	61/31	小兴安岭南部	2018.12 至 2019.1
方正林业局施业区（方正）	F	37/24	张广才岭北部	2017.12
穆棱保护区（穆棱）	M	101/19	老爷岭南部	2016.12；2017.3
黄泥河保护区（黄泥河）	H	66/32	张广才岭南部	2016.12；2018.1 至 2018.3

3.2.2 基因组 DNA 的提取

3.2.2.1 粪便 DNA 提取

采用粪便 DNA 提取专用试剂盒 QIAamp Fast DNA Stool Mini Kit（Qiagen, Germany）提取粪便 DNA，按操作手册进行，并略做修改。实验前准备好：70℃水温的水浴锅；所有离心步骤均在室温下（15～25℃）于 20 000g（14 000r/min）下执行；使用前充分摇动混合缓冲液 AL 和 Inhibit EX，如有沉淀形成要分别在 70℃和 37～70℃水浴下充分溶解；向 AW1 和 AW2 Buffer 中添加 96%～100%的乙醇；使用前混合所有的 Buffer。具体操作过程如下。

（1）在冰块上刮取 4～5 粒马鹿粪便样品表层物质 180～220mg，放入 2mL 离心管中。

（2）将 1mL Inhibit EX 加入样品中，高速漩涡震荡 3min。

（3）离心 1min，至粪便样品沉淀。

（4）将 25μL 蛋白酶 K 加入一个新的 2mL 离心管中。

（5）从步骤（3）中吸取 600μL 上清液到 2mL 含蛋白酶 K 的离心管中，添加 600μL Buffer AL，并且漩涡震荡 15s。

（6）70℃水浴 10min 后，简单离心将盖子上的液滴离落。

（7）添加 600μL 乙醇（96%～100%），漩涡震荡混匀，简单离心将盖子上的液滴离落。

（8）将步骤（7）中的 600μL 产物仔细地加到离心柱中，离心 1min。重复第（8）步直到第（7）步的溶解产物全部过滤。

（9）打开离心柱，加入 500μL Buffer AW1，离心 1min。

（10）打开离心柱，加入 500μL Buffer AW2，离心 3min。

（11）将离心柱放入新的 2mL 离心管中，离心 3min。

（12）将离心柱放入新的 1.5mL 离心管中，加入 200μL Buffer ATE。室温静置 1min，离心 1min 洗脱 DNA，测 DNA 纯度和浓度后，分装于－20℃保存备用。

为防止实验过程中污染情况的影响，本文中所有实验步骤均设置阴性对照，即不含粪便的样品以监测污染情况。

3.2.2.2 肌肉 DNA 提取

肌肉 DNA 的提取采用血液/细胞/组织基因组 DNA 提取试剂盒（天根，中国），实验前的准备有：第一次使用前按照试剂瓶标签的说明在缓冲液 GD 和漂洗液 PW 中加入无水乙醇；若缓冲液 GA 或 GB 中有沉淀，需在 37℃水浴中重新溶解，混匀后使用；所有离心均在室温下进行。具体过程如下。

（1）取约 10mg 肌肉组织于 2mL 离心管内，剪刀剪碎后加入 200μL 缓冲液 GA，振荡至彻底悬浮。

（2）加入 20μL 蛋白酶 K 溶液混匀后，56℃水浴直至组织完全溶解，通常需 1～3h 完成，其间每小时颠倒混合样品 2～3 次，简短离心除去管盖内壁的水珠。

（3）加入 200μL 缓冲液 GB，混匀后 70℃水浴 10min，溶液应变清亮，简短离心。

（4）加入 200μL 无水乙醇，充分振荡混匀 15s，简短离心。

（5）将所得溶液和絮状沉淀都加入一个吸附柱 CB3 中，12 000r/min 离心 30s，倒掉废液，将吸附柱放回收集管中。

（6）向吸附柱中加入 500μL 缓冲液 GD，12 000r/min 离心 30s，倒掉废液，将吸附柱放入收集管中。

（7）向吸附柱中加入 600μL 漂洗液 PW，12 000r/min 离心 30s，倒掉废液，将吸附柱放入收集管中。

（8）重复操作步骤（7）。

（9）将吸附柱放回收集管中，12 000r/min 离心 2min，倒掉废液。将吸附柱置于室温放置数分钟，以彻底晾干吸附材料中残余的漂洗液。

（10）将吸附柱转入一个 1.5mL 离心管中，向吸附膜的中间部位悬空滴加 200μL 洗脱缓冲液 TE，室温放置 2～5min，12 000r/min 离心 2min，将溶液收集到离心管中。为增加基因组 DNA 的得率，可将离心得到的溶液再加入吸附柱中，室温放置 2min，12 000r/min 离心 2min。测 DNA 纯度和浓度后，分装于－20℃保存备用。

在提取肌肉 DNA 过程中，本文中所有实验步骤均设置了阴性对照，即不含肌肉的样品以监测污染情况。

3.2.3 物种鉴定

我们选择了鹿科动物通用的 mtDNA *Cyt b* 引物，L14724（5'-CGA GAT CTG AAA AAC CAT CGT TG-3'）、H15149（5'-AAA CTG CAG CCC CTC AGA ATG ATA TTT GTC CTC A-3'）对粪便 DNA 扩增 mtDNA *Cyt b* 基因（400～500bp）。扩增体系 50μL：1U/μL KOD FX Neo DNA polymerase（Toyobo，Japan）1μL，2×Buffer for KOD FX Neo 25μL，2mmol/L dNTPs 10μL，10μmol/L L14724、H15149 各 1.5μL，10～30ng/μL DNA 2μL，PCR grade water（天根，中国）9μL。反应条件：94℃预变性 2min；98℃变性 10s，59℃退火 30s，68℃延伸 30s，35 个循环；最后 68℃再延伸 10min，4℃保存。为了监测污染，在扩增的同时均附加一个不含 DNA 的阴性对照。取 4μL PCR 产物在 1.5%琼脂糖凝胶电泳上进行检测，其中阳性 PCR 产物送公司纯化并双向测序。

所得序列使用 DNAStar 软件（DNAStar Inc.，America）中的 SeqMan、MegAlign 和 EditSeq 程序进行正、反序列的拼接、比对和校正。最后在 NCBI 数据库中进行 Blast 比对，以确定粪样的物种来源，最终确认所提取的 DNA 中包含马鹿的基因组 DNA。

为了提高粪便 DNA 的利用率，如两次 PCR 都无法获得产物，我们将重新提取 DNA 1～2 次。如利用新提取的 DNA 再进行两次扩增也无法获得 PCR 产物时，将舍弃该粪便样本。

3.2.4 个体识别

我们选择了在东北马鹿研究中使用并能够对粪便 DNA 稳定扩增的 10 对微卫星引物（T507、T530、T501、C143、T156、BM848、N、OCAM、DM45 和 ETH225），进行个体识别（表 3-2）。所有引物合成时在上游引物 5'端都进行荧光标记（Fam、Hex、Tamra 或 Rox），下游引物不标记。扩增体系 20μL：1U/μL KOD FX Neo DNA polymerase 0.4μL，2×Buffer for KOD FX Neo 10μL，2mmol/L dNTPs 4μL，10μmol/L 上下游引物各 0.3μL，10～30ng/μL DNA 1μL，PCR grade water 4μL。PCR 反应条件中退火温度见表 3-2，其他反应条件与物种鉴定方法相同。在扩增的同时均附加一个不含 DNA 的阴性对照，以监测污染情况的发生。

表 3-2 10 对微卫星引物信息

位点	引物序列	等位基因大小（bp）	重复单位	退火温度（℃）
T507[1]	F：AGGCAGATGCTTCACCATC R：TGTGGAGCACCTCACACAT	144～176	4	56.6
T530[1]	F：GTCCTCACAGCAGCTCTATG R：GCATTCTTTAGAACTCCAACTG	244～292	4	55
T501[2]	F：CTCCTCATTATTACCCTGTGAA R：ACATGCTTTGACCAAGACC	238～262	4	55
C143[2]	F：AAGGAGTCTTTCAGTTTTGAGA R：GGTTCTGTCTTTGCTTGTTG	152～164	4	54
T156[4]	F：TCTTCCTGACCTGTGTCTTG R：GATGAATACCCAGTCTTGTCTG	135～207	4	56.5
BM848[2]	F：TGGTTGGAAGGAAAACTTGG R：CCTCTGCTCCTCAAGACAC	350～366	2	54.5
N[3]	F：TCCAGAGAAGCAACCAATAG R：GTGTGCCTTAAACAACCTGT	282～290	4	56
OCAM[4]	F：CCTGACTATAATGTACAGATCCCTC R：GCAGAATGACTAGGAAGGATGGCA	178～194	2	54
DM45[4]	F：CACCGTTTCTTACAATCTCA R：AGGGGTCAGGTTCTCAGTTTCTAC	440～460	2	55.5
ETH225[2]	F：GATCACCTTGCCACTATTTCCT R：ACATGACAGCCAGCTGCTACT	133～185	2	56

[1]Fam，[2]Hex，[3]Tamra，[4]Rox

为了检查微卫星扩增反应是否成功，取 4μL PCR 产物在 2.0%琼脂糖凝胶电泳上进行检测。将阳性 PCR 产物进行分型检测，10 个位点分成 2 个检测体系：T507、T530、T501、C143 和 T156 位点；BM848、N、OCAM、DM45 和 ETH225 位点。将混合好的 PCR 产物在 ABI 3730XL 测序仪（Applied Biosystems Inc.，America）上进行基因扫描和判读等位基因大小。

由于粪便 DNA 具有含量较低和降解严重的问题，可能出现等位基因丢失（allele dropout）、假等位基因（false allele）等分型错误的情况。为了获得高度可信的基因型，我们采用国际上公认的多管 PCR（multi-tubes approach）扩增方案。具体步骤为：①首先对每份模板进行 3 次重复的阳性 PCR；②在 3 次 PCR 中，至少出现 2 次两个等位基因则记录为杂合子；③如果不能判定为杂合子，则需要再进行 4 次 PCR；④最后通过得到的 7 次阳性 PCR 结果，来判断基因型是杂合子还是纯合子；⑤如果 7 次阳性 PCR 还不能确定基因型，则继续附加重复，或不记录作为空白项。

在个体同一性鉴定上，我们利用软件 Excel mircosatellite tool kit，寻找数据中相匹配的基因型。判断不同样品来自同一个个体的原则是：所有位点上的基因型都相同；或只有一个位点的一个等位基因存在差异。

3.2.5 控制区序列的扩增与测序

在个体识别的基础上，采用鹿科动物 mtDNA 控制区全序列引物 L-Pro（5'-CGT CAG TCT CAC CAT CAA CCC CCA AAG C-3'）、H-Phe（5'-GGG AGA CTC ATC TAG GCA TTT TCA GTG-3'），扩增不同马鹿个体的控制区全序列（1 000～1 200bp）。反应条件：94℃预变性 2min；98℃变性 10s，55℃退火 30s，68℃延伸 45s，35 个循环；最后 68℃再延伸 10min，4℃保存。在扩增的同时均附加一个不含 DNA 的阴性对照，以监测污染情况。最后，取 4μL PCR 产物在 1.0％琼脂糖凝胶电泳上进行检测，将获取的阳性 PCR 产物送公司纯化与双向测序。

由于粪便 DNA 样品可能存在严重的降解，扩增片段较长的控制区全序列时成功率较低，因此采用控制区部分序列引物对全序列未扩增成功的样品再次进行 PCR 扩增。引物采用 LD5（5'-AAG CCA TAG CCC CAC TAT CAA-3'）和 HD8（5'-TTG ACT TAA TGC GCT ATG TA-3'）（400～500bp），退火温度为 54℃，扩增体系和其他扩增条件同物种鉴定方法。在扩增的同时均附加一个不含 DNA 的阴性对照，以监测污染情况。最后，取 4μL PCR 产物在 1.5％琼脂糖凝胶电泳上进行检测，获取的阳性 PCR 产物送公司纯化与双向测序。上述物种鉴定、个体识别和控制区扩增中所有的引物合成、纯化与双向测序、基因分型均由上海生工生物公司完成。最终使用 DNAStar 软件（DNAStar Inc.，America）中的 SeqMan、MegAlign 和 EditSeq 程序对所得序列进行正、反序列的拼接、全序列与部分序列的剪接，以及比对和校正。控制区全序列和部分序列的 PCR 扩增各进行两次，如不能获得扩增产物或测序失败，将舍弃该样品。

3.2.6 数据分析

对于 mtDNA 序列，利用 Clustal X 2.1 软件对不同个体的 *Cyt b* 和控制区序列进行排列。采用 DnaSP 5.10 软件分别计算变异位点数（S）、单倍型数量（H）、单倍型多样性（H_d）和核苷酸多样性（P_i）。对于微卫星数据，为了确定我们选择的微卫星引物数量是否能将“影子效应”（shadow effect）减少到一个不显著的水平，我们使用 Gimlet 1.3.3 计算了 10 个微卫星位点的联合 P_{ID}值，它是指无亲缘关系或同胞个体之间具有相同基因型的概率。使用 Microchecker 2.2.3 检测微卫星位点是否存在无效等位基因或等位基因丢失等情况。使用 Genepop 4.0 软件测算总体和每个位点是否符合 Hardy-Weinberg 平衡，同时检验各位点间的连锁不平衡情况，概率检验中使用马可夫链法（Markov chain method），参数均设为 10 000 dememorization、20 batch 和 5 000 iteration，Hardy-Weinberg 平衡和连锁不平衡检验均使用 Bonferroni 法对显著性进行修正。使用 GenAlEx 6.0 软件计算等位基因数（N_a）、有效等位基因数（N_e）、观测杂合度（H_o）和期望杂合度（H_e）。等位基因丰富度（allelic richness，AR）可能会受到种群样本量的影响，种群样本量越大则该值可能越大。本文中使用 Allelic Diversity Analyzer（ADZE）1.0 软件，以采样量最小种群的个体数作为基准，进行等位基因丰富度的计算。应用 Excel mircosatellite tool kit 计算微卫星位点的多态信息含量（PIC）。

3.3 研究结果

3.3.1 物种鉴定与个体识别

从 409 份样品（粪便 408 份；肌肉 1 份）中，最终成功提取 DNA 和 *Cyt b* 扩增的样品为 386 份，样品利用率为 94.38%。其中，双河、高格斯台、铁力、方正、穆棱和黄泥河 6 个研究地区的样品利用率分别为 86.11%、88.89%、100%、97.30%、97.03%和 96.97%。386 份 *Cyt b* 基因正、反序列经过拼接和校对，在 NCBI 数据库中进行 Blast 比对，最终确定其中 312 份样品为马鹿 DNA；74 份样品为非马鹿样品 DNA（表 3-3）。

表 3-3 东北马鹿样品采集和鉴定信息

研究地点	S	G	T	F	M	H	合计
采集样品数	36	108	61	37	101	66	409
物种鉴定样品数	31	96	61	36	98	64	386
马鹿样品数	30	96	55	35	35	61	312
基因分型样品数	20	96	55	31	33	52	287
不同马鹿个体数	17	49	31	24	19	32	172
Cyt b 序列数	16	49	31	24	19	32	171
控制区序列数	15	48	15	19	18	19	134

从 312 份马鹿样品中，得到了 287 个可靠的基因型。双河、高格斯台、铁力、方正、穆棱和黄泥河 6 个研究地区的马鹿样品基因分型利用率分别为 66.67%、100%、100%、88.57%、94.29%和 85.25%，整体利用率为 91.99%。基于 10 个微卫星位点的个体识别，从 287 份样品中共得到 172 个可靠的独特基因型。其中，双河、高格斯台、铁力、方正、穆棱和黄泥河 6 个研究地区分别为 17、49、31、24、19 和 32 只马鹿个体的独特基因型。经过正、反序列的拼接和校对，最后 mtDNA *Cyt b* 基因序列共有 171 只马鹿个体数据可用，而控制区全序列与部分序列的拼接序列共有 134 只个体数据可用（表 3-3）。

Gimlet 分析显示，10 个微卫星位点的联合区分率很高，两只个体具有相同基因型的

无偏概率 P_{ID} 为 4.38×10^{-12}，即使是出现双胞胎的情况，判断错误的概率也只有0.0112%。即使3个多态性最高的位点（ETH225、T530和T156）扩增失败时，双胞胎误判的概率才上升到0.35%，尚小于1%，因此可以将“影子效应”的影响降到不显著的水平。上述说明，这些微卫星位点完全能够满足个体识别的需要。由于PCR扩增成功的位点越少，个体识别错误的概率将越大，所以在最后的分析中我们舍弃了扩增成功位点数少于7个的样品。也因此得到了上述的312份马鹿样品中287份可靠的基因型，最终获得172只马鹿个体的微卫星信息。Microchecker检验表明，本次基因分型结果没有受到无效等位基因或等位基因丢失等分型错误的显著干扰，说明基因分型数据可靠，可以进行后续的种群遗传学分析。

3.3.2 线粒体DNA的种群遗传多样性

由微卫星鉴定出的全部172只马鹿个体中，S种群中有1只个体未能成功扩增，因此使用了171只马鹿个体的*Cyt b*序列。经正、反序列拼接和“掐头去尾”，最终得到171条425bp长度的*Cyt b*序列。共发现14个变异位点，其中转换位点13个，颠换位点1个（C/A，328bp处），未发现插入或缺失位点。14个变异位点中单变异位点1个（48bp处），简约信息位点13个（表3-4）。由表3-5可以看出，G+C整体含量较低，为38.4%。171条序列中共检测出11个单倍型，双河、高格斯台、铁力、方正、穆棱和黄泥河种群分别有3、4、5、2、2和5个单倍型。单倍型Hap1～Hap11的分布频率分别为0.58%、16.96%、0.58%、7.02%、0.58%、24.56%、14.62%、3.51%、14.62%、12.87%和4.09%。其中Hap1和Hap3、Hap5、Hap11分别为高格斯台、铁力和双河种群独有，同时前3个单倍型也是稀有单倍型。研究地区6个马鹿种群总体的单倍型多样性指数（H_d）为0.849±0.010，核苷酸多样性指数（P_i）为（0.678±0.032）%。其中单倍型多样性最高的是黄泥河种群（0.732±0.053），最低的为方正（0.159±0.094）和穆棱种群（0.105±0.092）；核苷酸多样性最高的是双河种群，为（0.775±0.069）%，最低的也是方正和穆棱种群，仅为（0.113±0.067）%和（0.099±0.087）%。

表3-4 东北马鹿种群11个*Cyt b*单倍型序列的变异位点

	048	106	126	127	180	222	228	273	285	321	328	329	345	393
Hap1	T	T	T	C	A	T	C	T	T	T	C	T	C	T
Hap2	C	.	.	.	.	.	.	.	.	.	.	.	.	.
Hap3	C	.	.	.	.	.	T	.	.	.	.	.	.	.
Hap4	C	C	.	.	.	.	T	.	.	.	.	.	T	.
Hap5	C	C	.	.	.	C	T	.	.	.	.	.	T	.
Hap6	C	.	.	.	.	C	T	C	.	.	A	.	.	.
Hap7	C	.	.	.	.	C	T	C	.	.	A	C	.	.
Hap8	C	.	.	T	.	.	T	C	.	.	A	.	.	.
Hap9	C	.	.	.	.	.	T	C	.	.	A	.	.	.
Hap10	C	.	.	.	G	.	T	C	.	.	A	.	.	C
Hap11	C	.	C	.	.	.	T	C	C	C	.	.	.	.

表 3-5　基于 *Cyt b* 基因的东北马鹿种群遗传多样性

种群	S	G	T	F	M	H	合计
个体数	16	49	31	24	19	32	171
变异位点数（*S*）	7	4	8	3	4	5	14
(G+C) 含量（%）	38.6	38.3	38.3	38.5	38.4	38.4	38.4
单倍型数（*H*）	3	4	5	2	2	5	11
单倍型多样性（H_d）	0.592	0.540	0.667	0.159	0.105	0.732	0.849
核苷酸多样性（P_i）（%）	0.775	0.359	0.599	0.113	0.099	0.418	0.678

经正、反序列拼接和“掐头去尾”，最终得到 80 条长度为 993bp 的控制区全序列，以及另外 54 条长度为 405bp 的控制区部分序列。为了增加样本使用数量，将全序列与部分序列拼接，最后得到了 134 条长度为 365bp 的控制区拼接序列，并用于后续分析。总体共检测到 34 处变异位点，其中 31 处为碱基变异，包括转换突变 30 个、颠换突变 1 个（A/T，59bp 处），发现 3 处插入或缺失。31 个变异位点中有单变异位点 2 个，简约信息位点 29 个（表 3-6）。由表 3-7 可以看出，G+C 整体含量较低，为 27.4%。134 条序列中共检测出 22 个单倍型，双河、高格斯台、铁力、方正、穆棱和黄泥河种群分别有 6、5、5、2、4 和 6 个单倍型。单倍型 Hap1～Hap22 的分布频率分别为 11.94%、1.49%、1.49%、5.22%、0.75%、23.88%、5.22%、2.24%、1.49%、0.75%、2.24%、0.75%、5.22%、1.49%、2.99%、1.49%、1.49%、5.22%、2.24%、20.90%、0.75% 和 0.75%。6 个种群都存在独有单倍型，双河、高格斯台、铁力、方正、穆棱和黄泥河种群分别有 6、4、2、1、1 和 3 个独有单倍型。研究地区 6 个马鹿种群总体的单倍型多样性指数（H_d）为 0.877±0.003，核苷酸多样性指数（P_i）为（2.126±0.065）%。其中单倍型多样性最高的是黄泥河种群（0.825±0.003），最低的为方正种群（0.199±0.112）；核苷酸多样性最高的是双河种群，为（1.789±0.202）%，最低的也是方正种群，为（0.438±0.247）%。

表 3-6　东北马鹿线粒体控制区 22 个单倍型序列的变异位点

	059	062	107	109	110	121	142	153	156	177	187	195	205	208	212	217	226	227	256	258	265	305	315	316	318	319	320	322	323	324	326	328	354	365
Hap1	T	−	−	C	A	T	T	G	T	G	A	G	G	T	C	−	T	T	C	G	T	C	T	T	T	C	T	C	T	A	T	A	A	T
Hap2	A	A	T	.	.	.	.	.	.	.	G	A	.	.	.	.	.	.	T	.	C	T	C	.	C	.	C	.	.	.	.	.	.	C
Hap3	.	A	T	.	.	.	.	.	.	.	G	A	.	.	.	.	.	.	T	.	.	T	C	.	C	.	.	.	C	.	.	.	.	C
Hap4	.	.	T	.	.	.	.	.	.	.	G	A	A	.	.	.	.	.	.	.	.	T	C	.	.	.	.	.	.	.	.	.	.	.
Hap5	.	.	.	.	.	.	.	.	.	.	.	.	.	.	.	.	.	.	.	.	.	T	.	.	.	.	.	.	.	.	.	.	.	.
Hap6	.	.	T	.	.	.	.	.	.	A	G	A	A	.	T	.	.	C	.	.	.	T	C	.	.	.	.	.	.	.	C	.	.	C
Hap7	.	.	T	.	.	C	.	.	.	A	G	A	A	.	.	.	.	C	.	.	.	T	C	.	.	.	.	.	.	.	C	.	.	C
Hap8	.	.	.	T	G	.	.	A	C	.	.	A	.	.	.	.	.	.	T	.	.	T	C	.	.	T	.	.	.	.	C	G	G	C
Hap9	.	.	.	T	G	.	.	A	C	.	.	A	.	.	.	.	.	.	T	.	.	T	C	.	.	T	C	.	.	.	C	G	G	C
Hap10	.	.	T	.	.	.	.	.	.	.	G	A	.	C	.	.	.	.	T	.	.	T	C	C	.	.	.	T	.	.	C	.	.	C

（续）

	059	062	107	109	110	121	142	153	156	177	187	195	205	208	212	217	226	227	256	258	265	305	315	316	318	319	320	322	323	324	326	328	354	365
Hap11	.	.	T	.	.	.	.	.	.	.	G	A	A	.	.	.	.	.	T	.	.	T	C	.	.	.	.	.	.	.	.	.	.	C
Hap12	.	.	.	T	G	.	.	.	C	.	G	A	.	.	.	.	.	.	.	A	C	T	C	.	.	T	C	T	.	.	C	G	.	C
Hap13	.	.	.	.	G	.	C	.	.	.	G	A	.	.	.	T	.	.	T	A	.	T	C	.	.	.	C	.	.	G	.	.	.	C
Hap14	.	.	.	.	G	.	.	.	.	.	G	.	.	.	.	T	C	.	T	A	.	T	C	.	.	.	C	.	.	G	.	.	.	C
Hap15	.	.	.	.	G	.	C	.	.	.	G	A	.	.	.	T	.	.	T	A	.	T	C	.	C	.	C	.	.	G	.	.	.	C
Hap16	.	.	.	.	.	.	.	.	.	.	.	.	.	.	.	.	.	.	.	.	.	.	.	.	.	.	.	.	.	.	.	.	.	C
Hap17	.	.	T	.	.	.	.	.	.	A	G	A	A	.	.	.	.	C	.	.	.	T	C	.	.	.	.	.	.	.	C	.	.	C
Hap18	.	.	T	.	.	.	.	.	.	A	G	A	A	.	T	.	.	C	.	.	.	T	C	.	.	.	.	.	.	.	C	.	.	C
Hap19	.	.	T	.	.	.	.	.	.	A	G	A	A	.	.	.	.	C	T	.	.	T	C	.	.	.	.	.	.	.	C	.	G	C
Hap20	.	.	.	.	G	.	.	.	.	.	G	.	.	.	.	T	C	.	T	A	.	T	C	.	.	.	C	.	.	G	.	.	.	C
Hap21	.	.	.	.	G	.	C	.	.	.	G	A	.	.	.	T	.	.	T	A	.	T	C	.	.	.	C	.	.	G	.	.	.	C
Hap22	.	.	.	T	G	.	.	.	C	.	G	A	.	.	.	.	.	.	T	A	C	T	C	.	.	T	C	T	.	.	C	G	.	C

表 3-7 基于控制区片段的东北马鹿种群遗传多样性

种群	S	G	T	F	M	H	合计
个体数	15	48	15	19	18	19	134
变异位点数（S）	15	11	18	9	15	12	34
（G+C）含量（%）	27.7	27.7	27.4	27.0	27.3	27.0	27.4
单倍型数（H）	6	5	5	2	4	6	22
单倍型多样性（H_d）	0.686	0.533	0.733	0.199	0.569	0.825	0.877
核苷酸多样性（P_i）（%）	1.789	1.341	1.694	0.438	0.621	1.083	2.126

考虑到核苷酸多样性比单倍型多样性在衡量种群遗传多样性中更加精确，我们以核苷酸多样性为主，单倍型多样性为辅，综合 *Cyt b* 和控制区序列数据，以及各种群之间的比较。最终基于 mtDNA 数据认为，双河和铁力种群遗传多样性相对最高，高格斯台和黄泥河种群次之；方正和穆棱种群相对最低（表 3-5 和表 3-7）。

3.3.3 微卫星的种群遗传多样性

我们共获得来自 6 个马鹿种群 172 只个体在 10 个微卫星位点上的等位基因数据（表 3-8）。分析得出，种群的等位基因数（N_a）为 5.2～7.2 个，平均为（5.7±0.77）个；有效等位基因数（N_e）为 2.5～4.1 个，平均为（3.3±0.58）个，各位点的有效等位基因数比实际观察到的要小得多，差异极显著（$P<0.01$），因此在未来的种群发展中可能存在等位基因丢失的风险。等位基因丰富度（AR）为 3.931～5.027，平均为 4.468，整体水平一般。整体种群中单个微卫星位点的多态信息含量（PIC）在 0.371～0.910 之间，平均值为 0.704±0.176，位点 C143 和 N 分别为 0.371 和 0.386，为中度多态性位点，其他 8 个位点均大于 0.5，皆为高度多态性位点。各种群的多态信息含量为 0.515～0.624，

平均为 0.576±0.049。期望杂合度（H_e）变化范围为 0.564～0.689，平均为 0.619±0.046；观测杂合度（H_o）变化范围为 0.644～0.725，平均为 0.687±0.027，观测杂合度显著大于期望杂合度（$P<0.05$）。从以上参数可以看出，东北马鹿核基因的种群遗传多样性处于中等水平，其中方正和高格斯台种群遗传多样性相对最高、黄泥河和双河种群居中、铁力和穆棱种群相对最低，但 6 个局域种群之间遗传多样性水平的整体差异并不大。

表 3-8　基于 10 个微卫星位点的东北马鹿种群遗传多样性参数

种群	N	N_a	N_e	AR	PIC	H_o	H_e	F_{is}	P_{HW}
S	17	5.8	3.5	4.851	0.568	0.677	0.603	−0.139	0.0000*
G	49	7.2	4.1	5.027	0.624	0.680	0.657	−0.037	0.3128
T	31	5.2	2.5	3.931	0.515	0.644	0.564	−0.150	0.0790
F	24	5.3	3.8	4.622	0.643	0.725	0.689	−0.062	0.0000*
M	19	5.5	3.1	4.292	0.542	0.697	0.594	−0.160	0.0004*
H	32	5.2	3.0	4.083	0.562	0.701	0.608	−0.129	0.0013*
合计	172	5.7	3.3	4.468	0.576	0.687	0.619	−0.113	0.0000*

注：N：个体数量；N_a：等位基因数；N_e：有效等位基因数；AR：等位基因丰富度；PIC：多态信息含量；H_o：观测杂合度；H_e：期望杂合度；F_{is}：近交系数；P_{HW}：Hardy-Weinberg 平衡检验的概率值。* 表示 Bonferroni 法校正后的显著性 P_{HW}值（$P<0.0096$）

Hardy-Weinberg 平衡检验发现，对于整个种群有 7 个位点（T530、T501、T156、BM848、OCAM、DM45、ETH225）显著偏离了 Hardy-Weinberg 平衡（$P<0.0096$）。除位点 DM45 表现一定的杂合度不足（$F_{is}=0.0662$）外，其余 6 个位点均表现出杂合度过剩（表 3-9）。10 个位点的整体检测发现，双河、方正、穆棱与黄泥河种群显著偏离 Hardy-Weinberg 平衡，整个种群也显著偏离 Hardy-Weinberg 平衡，但固定系数（F_{is}）皆为负值，即均表现出杂合度过剩，而非杂合度不足（表 3-8）。Hardy-Weinberg 平衡检验结果说明，并不存在无效等位基因或近交的影响。连锁不平衡分析显示，在 45 对位点检测中，经 Bonferroni 法校正后仍有 32 对位点存在连锁不平衡情况，但没有发现在 6 个种群中都存在的连锁不平衡成对位点（表 3-10）。

表 3-9　Hardy-Weinberg 平衡检验和固定指数分析结果

种群	指数	T507	T530	T501	C143	T156	BM848	N	OCAM	DM45	ETH225
S	P_{HW}	1.0000	0.0533	0.0002*	—	0.0006*	0.0027*	1.0000	0.0012*	0.0457	0.0186
	F_{is}	−0.1812	0.1166	−0.7954	—	0.1597	−0.1256	−0.1556	0.0274	0.0857	−0.2337
G	P_{HW}	0.1201	0.3938	0.7715	0.6877	0.1231	0.6396	0.1837	0.0000*	0.0665	0.5327
	F_{is}	−0.0666	0.1225	−0.1298	−0.1733	−0.0063	0.0100	0.1875	−0.4443	0.1274	−0.0256
T	P_{HW}	0.0079*	0.0000*	0.0000*	1.0000	0.3981	0.0417	0.4277	0.6458	0.0111	0.0000*
	F_{is}	−0.2558	−0.1210	−0.5494	−0.1134	0.0526	−0.3744	−0.2519	−0.1728	0.2235	0.2290
F	P_{HW}	0.9611	0.0199	0.0409	0.1845	0.1356	0.1262	0.2778	0.0002*	0.0093*	0.3019
	F_{is}	−0.1611	−0.0127	0.0200	0.0282	0.1187	−0.4116	−0.0438	0.0311	0.0483	−0.0253

（续）

种群	指数	T507	T530	T501	C143	T156	BM848	N	OCAM	DM45	ETH225
M	P_{HW}	0.0118	0.0446	0.0519	0.1059	0.0000*	0.0321	0.7598	0.0091*	0.0438	0.0000*
	F_{is}	-0.3194	0.2768	0.0296	-0.4400	-0.3931	-0.1461	-0.2245	-0.2158	0.1705	-0.0854
H	P_{HW}	1.0000	0.0019*	0.2868	0.4411	0.3205	0.0306	1.0000	0.0006*	0.2083	0.7314
	F_{is}	-0.1397	-0.1244	0.1594	0.0207	-0.1972	-0.2370	0.0312	-0.3798	-0.1034	-0.1649
All	P_{HW}	0.0287	0.0000*	0.0000*	0.4182	0.0000*	0.0002*	0.7694	0.0000*	0.0001*	0.0000*
	F_{is}	-0.1863	-0.0028	-0.2435	-0.1298	-0.0641	-0.2193	-0.0972	-0.2055	0.0662	-0.0739

注：* 表示 Bonferroni 法校正后的显著性 P_{HW}值（$P<0.0096$）

表 3-10　10 个微卫星位点连锁不平衡检验的结果（Bonferroni 法校正后，$P<0.0145$）

位点	T507	T530	T501	C143	T156	BM848	N	OCAM	DM45	ETH225
T507										
T530	T									
T501	M	T								
C143	T	T	M							
T156	T/F/M/H	—	G/M	—						
BM848	H	S/T	—	—	—					
N	T/M	F	G	F	F/M	—				
OCAM	—	—	M	—	—	—	T			
DM45	T	F	T/F/M	—	M	T	F	T		
ETH225	T/M	T	T/F	—	T/M	T	M	M	H/T	

3.4　讨论

3.4.1　非损伤性取样

在分子生态学研究中，传统取样方法是杀死动物来获取新鲜的组织样本，或捕获动物以抽取血液、直接拔取毛发或羽毛等方式获得研究样本，然而这些传统取样方法对珍稀濒危野生动物来说根本无法实现。由于 PCR 技术的广泛应用，已经能对极少量遗传物质进行检测，由此产生了一类新的取样方法——非损伤性取样法（noninvasive sampling）。可以通过动物的粪便、尿液和脱落的毛发等提取动物的 DNA 并进行 PCR 扩增，从而进行生物个体遗传信息的分析。而粪便获得简单，可以不用捕获动物个体，也无须见到动物本身，只需对其粪便间接分析以获得可靠的信息。Reed 等（1997）首次提出分子粪便学（molecular scatology）的概念，提倡运用分子粪便学技术，以 PCR 为基础，有效开展个体识别、性别鉴定、野外种群遗传结构分析和种群大小预测等研究。以粪便为分析样本时，首先要进行分子的物种鉴定，特别是同区域分布着相似粪便形态的物种时，如梅花鹿和马鹿。筛选出研究物种后，通常需进行个体识别，以获得独特的基因型和个体。个体识别的分子生物学方法有多种，然而人们用得最多的还是微卫星标记法，因为微卫星在个体间具有高度多态性、符合孟德尔遗传定律、随机分布、数量多、片段长度较小等特征，因此特别适合像动物粪便这样细胞数量少，且有不同程度降解样品的分析。尽管非损伤性取样法有很多优点，可是粪便 DNA 在应用中还是存在一定的局限性和困难。如粪便中 DNA 的低数量和劣质量导致基因分型的错误（主要是等位基因丢失和错误等位基因），进而产生错误的个体识别和评估的偏差。通常解决的办法是采用国际上公认的多管 PCR 扩增方案，以获得高度可信的基因型。

我们利用 *Cyt b* 基因扩增粪便 DNA，并在物种鉴定的同时，也对 DNA 的质量进行了初步筛选，以利于后续的试验分析。409 份粪便样品（含 1 份肌肉样品）中，最终获得扩增产物和成功测序的样品为 386 份，样品利用率为 94.38%，高于西藏马鹿（85%）和水獭（*Lutra lutra*，91%），略低于普氏野马（*Equus przewalskii*，96.2%）研究中的样品利用率。样品主要采集于寒冷的冬季，且对扩增失败样品的多次 DNA 提取（2～3 次）等过程保证了样品的较高利用率。双河、高格斯台、铁力、方正、穆棱和黄泥河 6 个研究地区的样品利用率分别为 86.11%、88.89%、100%、97.30%、97.03%和 96.97%，其中双河地区的样品利用率最低，主要是因为该地区样品采集于 3 月末，气温回升、积雪融化导致所采集的样品降解严重。在后续的马鹿样品个体识别中，双河、高格斯台、铁力、方正、穆棱和黄泥河 6 个研究地区马鹿样品的基因分型利用率分别为 66.67%、100%、100%、88.57%、94.29%和 85.25%，也由于上述原因造成 S 地区的微卫星基因分型成功率最低。而穆棱和黄泥河地区仅有少数样品采集于 3 月初，并未受到气温回升的显著影响。因此，在东北地区进行野生动物粪便样品采集时，建议应集中在 12—2 月气温较低、积雪覆盖的冬季期间，时间限制可延长至 3 月初。同时野外收集粪样应尽可能采集新鲜样本，在提高分子鉴定成功率的同时，也减少了试验分析中的工作量和成本。试验中，严格使用多管 PCR 扩增方案，3～7 次 PCR 阳性扩增排除了微卫星分型时等位基因丢失和假等位基因现象，确保个体识别的正确。同时，通过对正、反序列拼接和校对，以及重复个体序列的校对可进一步保证线粒体 DNA 个体序列的准确性。

3.4.2 东北马鹿的种群遗传多样性

遗传多样性的丧失会导致动物对环境变化的适应能力下降，甚至物种的灭绝，评价种群的遗传多样性，是濒危动物保护的重要内容。单倍型多样性（H_d）和核苷酸多样性（P_i）是衡量种群线粒体 DNA 遗传变异程度的重要指标，其中 P_i 值考虑了单倍型在种群中所占的比例，在评价遗传多样性时更为精确。本文中东北马鹿整体种群线粒体控制区序列的 P_i 值（2.126%）明显高于 *Cyt b* 的 P_i 值（0.678%），很多动植物和人类中普遍存在基因非编码区多态性高于编码区的现象，主要原因可能是线粒体基因组中非编码控制区的进化速度较快且承受的选择压力较小。

微卫星的等位基因数量反映了某个位点在进化过程中所积累的遗传变异，等位基因数量越多说明在进化历史上这个位点的突变越活跃，物种的自然种群对环境适应的潜力越大。我们选择的 10 个微卫星位点在 6 个种群内检测到的等位基因数量平均为 5.2～7.2 个，整体种群平均为 5.7 个，明显低于 2006 年和 2007 年完达山地区马鹿种群的研究结果

(9.0个)。有效等位基因数是群体在随机交配时在后代能够固定的等位基因数，有效等位基因数与实际等位基因数之间的差距可以粗略地显示等位基因丢失的风险，若二者之间差距大，表明某些等位基因虽然存在，但是其出现的频率非常低，因此在随机组合的过程中被组合到受精卵中的概率也就很低，因此容易从后代群体中丢失。本文中6个种群使用的10个微卫星位点的有效等位基因数为2.5～4.1个，平均为3.3个，各位点的有效等位基因数比实际观察到的要小得多，差异极显著（$P<0.01$）。二者之间存在较大差距，说明马鹿的基因频率分布仍然处于一个不稳定的状态。在小种群中，由于遗传漂变使得高频率的等位基因容易被固定，而那些频率低的稀有等位基因容易被消除，因此在未来的种群发展中存在很大的等位基因丢失风险。稀有基因也是进化的重要成果，是遗传多样性保护的重要内容，因此如何保护好低频率的等位基因是当前马鹿种群遗传多样性保护面临的重要问题。

杂合度能够反映种群在多个位点上的遗传变异，是衡量种群遗传多样性的一个最适参数。一方面可以通过观察种群中杂合子所占的比例来直接估算，称为观测杂合度 H_o；同时也可以根据各个等位基因的频率进行估计，称为期望杂合度 H_e。微卫星数据显示，东北马鹿整体种群平均观测杂合度（H_o）和期望杂合度（H_e）分别为0.687和0.619。与在中国境内分布的其他马鹿野生种群相比，东北马鹿的遗传多样性参数高于塔里木马鹿，略高于阿拉善马鹿，低于阿尔泰马鹿和西藏马鹿。与全球其他地区马鹿相比，东北马鹿遗传多样性参数高于捷克舒马瓦国家公园和德国巴伐利亚森林国家公园内的西欧马鹿种群；也高于北美地区的加拿大马鹿整体种群；却低于英国地区的西欧马鹿种群，也低于俄罗斯滨海边疆区和中国东北地区的梅花鹿种群；与极度濒危并受近交繁殖影响的意大利梅索拉保护区内的意大利马鹿种群，以及克什米尔地区的克什米尔马鹿种群的遗传多样性参数相近（表3-11）。综合比较，我们认为东北马鹿种群整体遗传多样性处于中等水平。双河、高格斯台、铁力、方正、穆棱和黄泥河各局域种群的遗传多样性水平 H_o 为0.644～0.725，H_e 为0.564～0.689，表明6个局域种群之间微卫星遗传多样性水平的整体差异并不大。

表3-11 种群遗传多样性参数的比较

物种	研究地区	微卫星		控制区		*Cyt b*	
		H_o	H_e	H_d	P_i（%）	H_d	P_i（%）
东北马鹿	中国东北	0.687	0.619	0.877	2.126	0.849	0.678
塔里木马鹿	新疆塔里木	0.083	0.378	0.693	1.351	0.845	1.500
西欧马鹿	捷克舒马瓦国家公园	0.401	0.405	0.511	1.270	—	—
加拿大马鹿	加拿大	—	0.435	0.932	0.653	—	—
西欧马鹿	德国巴伐利亚森林国家公园	0.416	0.459	0.385	0.974	—	—
阿拉善马鹿	中国贺兰山保护区	0.792	0.596	0.318	0.047	0.150	0.019
意大利马鹿	意大利梅索拉保护区	0.500	0.610	—	—	—	—
西欧马鹿	德国巴伐利亚州	0.551	0.626	—	—	—	—
克什米尔马鹿	印度克什米尔	0.400	0.660	—	—	—	—

（续）

物种	研究地区	微卫星		控制区		*Cyt b*	
		H_o	H_e	H_d	P_i（%）	H_d	P_i（%）
梅花鹿	俄罗斯滨海边疆区	0.617	0.710	0.446	0.836	0.285	0.649
梅花鹿	中国东北	0.604	0.712	—	—	0.621	0.670
阿尔泰马鹿	新疆天山	0.767	0.713	0.669	0.464	0.567	0.216
西藏马鹿	新疆桑日县	0.519	0.719	—	—	0.897	2.781
东北马鹿	中国完达山	0.693	0.737	—	—	—	—
西欧马鹿	英国	0.447	0.801	0.461	0.563	—	—

基于线粒体DNA数据分析，东北马鹿整体种群*Cyt b*的H_d为0.849，P_i为0.678%；控制区的H_d为0.877，P_i为2.126%。按照Grant和Bowen（1998）、Yuasa等（2007）种群高单倍型多样性（$H_d \geqslant 0.5$）和高核苷酸多样性（$P_i \geqslant 0.5\%$）的标准，东北马鹿线粒体DNA的种群遗传多样性处于较高水平。但与其他地区马鹿相比，*Cyt b*的P_i处于中等水平，控制区序列的P_i却相对最高，可能与控制区序列315～328bp处的高度变异有关，也可能与我们分析的控制区序列长度仅有365bp，扩增长度较短无法真实代表控制区全序列的变异情况有关。如G种群的H_d为0.533，P_i为1.341%，该种群获得了较多个体样本（27只）的控制区全序列（993bp），而基于全序列分析得到的H_d为0.385，P_i为0.805%。与局域种群间微卫星遗传多样性的较小差异不同，线粒体DNA的较高种群遗传多样性在各局域种群中分布并不平衡。*Cyt b*和控制区序列结果均显示，6个局域种群线粒体DNA的遗传多样性中，双河和铁力种群具高水平的遗传多样性、高格斯台和黄泥河种群处于中度水平、方正和穆棱种群表现出较低水平的遗传多样性。Krojerová-Prokešová等（2013）认为，与核DNA相比母系遗传的线粒体DNA对种群数量波动，如瓶颈效应更加敏感，说明东北马鹿种群遗传多样性受到了历史种群数量锐减的影响。同时，种群的隔离与破碎化使种群间基因交流中断，会对濒危物种的遗传多样性和生存力带来不利的影响。我们认为，种群间线粒体DNA的遗传多样性差异与各局域种群的隔离程度和种群数量有关，其中双河种群（S）位于大兴安岭最北部的边境地区，可能与俄罗斯远东地区较大马鹿种群存在基因交流；铁力种群（T）与东南部朗乡林区、西北部绥棱林区，以及北部友好林区的马鹿种群可能存在基因交流，因此表现出相对较高的线粒体DNA遗传多样性。其中高格斯台种群（G）和黄泥河种群（H）是目前已知东北马鹿种群数量最多和密度最高的两个区域，但种群相对较为隔离。高格斯台保护区周边存在较多有铁网围栏的私人牧场，同时与其他马鹿分布区相隔较远；黄泥河保护区周边仅有北部的东京城林区和小北湖保护区有少量马鹿个体分布，因此该种群也相对隔离。方正种群（F）和穆棱种群（M）的数量较少，同时隔离程度相对最高，两个种群的周边林区中很难发现野外马鹿，高速公路网也相对密集，因此表现出相对较低的线粒体DNA遗传多样性。

我们在*Cyt b*序列11个单倍型中检测到独有单倍型4个，分布在3个种群内，独有单倍型占比为36.36%；仅有1只个体的稀有单倍型有3个，占比为27.27%，同时也是独有单倍型。控制区序列 22 个单倍型中包括独有单倍型 16 个，分布在 5 个种群内，独有单倍型占比高达 72.73%；仅有 1～2 只个体的稀有单倍型有 11 个，占比为 50%，同时也是独有单倍型。高比例的稀有单倍型提示，种群未来可能有遗传多样性急剧下降的风险。本文的 *Cyt b* 数据显示出，高格斯台种群 H_d 为 0.540，P_i 为 0.359%；黄泥河种群 H_d 为 0.732，P_i 为 0.418%，表现出种群高单倍型多样性（$H_d \geqslant 0.5$）和低核苷酸多样性（$P_i < 0.5\%$），被认为是种群瓶颈效应后伴随种群快速增长和突变积累的结果。20 世纪 50 年代开始，高格斯台地区受生境破坏和过捕等原因影响，野生马鹿种群数量急剧下降，20 世纪末该地区种群数量出现历史的最低点。21 世纪初，随着自然保护区的成立，以马鹿为重点保护对象，使野生马鹿种群得到了快速恢复。相比历史最低点，现在研究区域内马鹿种群数量增加了近 10 倍，已成为当前东北马鹿种群密度最高的分布区。黄泥河保护区也在 20 世纪末出现马鹿种群数量的历史最低点，随着 1996 年全面禁猎、2005 年开始成为保护区后，该地区野生马鹿种群也得到了快速恢复。高格斯台种群控制区全序列的 H_d 为 0.385，P_i 为 0.805%，在 4 个单倍型中有 2 个单倍型为高变异单倍型，与其他单倍型存在明显的差异。种群呈现低单倍型多样性（$H_d < 0.5$）和高核苷酸多样性（$P_i \geqslant 0.5\%$），有研究认为此种情况常是隔离种群再次接触其他种群个体的结果。据了解，当地常有种源复杂的圈养和半散养马鹿个体逃到野外的事件，这些逃逸个体与野外种群接触和基因融合可能导致了高变异单倍型，以及低单倍型多样性与高核苷酸多样性的格局。

3.5 本章小结

（1）东北马鹿整体种群遗传多样性处于中等水平，其中双河、铁力种群的遗传多样性相对较高；高格斯台、黄泥河种群的遗传多样性次之；而方正、穆棱种群的遗传多样性相对最低。

（2）东北马鹿种群遗传多样性水平受到了历史种群数量下降的影响，同时各种群的隔离程度和当前种群数量动态也影响着各局域种群的遗传多样性格局。识别出种群内存在较高比例的低频率稀有等位基因、稀有单倍型和各种群独有单倍型，东北马鹿种群未来可能存在遗传多样性降低的风险。

（3）高格斯台种群和黄泥河种群表现出单倍型多样性与核苷酸多样性水平之间的显著差异，认为是两个地区在 20 世纪末种群数量出现历史最低点后，种群数量快速增长的结果。此外，高格斯台野外种群可能存在与圈养马鹿个体接触和基因融合的情况，致使出现控制区全序列的高变异单倍型、低单倍型多样性和高核苷酸多样性的格局。

4 东北马鹿种群统计学历史的揭示

4.1 引言

人口持续增长、经济快速发展导致的生境丧失与破碎化，以及传统生活方式延续等因素的影响，我国野生动物资源的濒危程度不断加剧。自近代以来，特别是从20世纪初开始，东北马鹿种群的生存受到了严重威胁。天保工程开展之后，近年来尽管东北马鹿种群数量在重点区域存在一定的回升，但是该物种依然面临局域非法盗猎，种群遗传多样性匮乏，适应性下降，生境破碎化，基因交流受阻，隔离小种群崩溃等因素的威胁。

种群动态变化背景下种群遗传变化的响应如何，种群的遗传现状预示哪些种群的发展与保护？这些问题仍有待探究。因此，本章重点探讨历史时期的地质运动与气候变化下东北马鹿种群是否有历史扩张事件；近代以来的种群数量急剧下降是否表现出遗传瓶颈效应，种群是否呈现近交繁殖与衰退；当前的有效种群大小与当代种群迁移率和方向又预示种群未来将如何发展？这些种群统计学历史信息的揭示，可为东北马鹿的科学保护提供理论支撑。

4.2 研究方法

4.2.1 错配分布与中性检验

本章采用错配分布（mismatch distribution）分析，来推测历史上东北马鹿种群扩张事件。错配分布检验是通过线粒体DNA单倍型间碱基对的差异频率来揭示种群的动态历史的方法，其原理是基于种群大小相对于固定时种群数量的下降或增长都会在DNA序列上留下标记的假设的分析方法。当种群经历了较近期的扩张事件，错配分布曲线将呈现单峰状态；而种群长期处于平衡状态时，错配分布曲线将呈现多峰或锯齿状分布。错配分布分析在DnaSP 5.10软件引导下运行，模型假设为快速扩张模型。由于错配分布分析具有高度的保守性，若检测样本量过少，可能会得到错误或者相反的结果。因此本文中使用DnaSP 5.10对东北马鹿种群进行中性检验（neutrality test）分析，其中Tajima's D、Fu and Li's D和Fu's Fs被依次统计，来判断种群是否显著偏离中性突变。当检测到显著的负值时，说明种群经历过历史扩张事件；显著的正值说明种群近期经历了瓶颈效应；当数值接近于0时，则说明种群稳定。

4.2.2 微卫星的瓶颈效应

为进一步检验各局域种群历史上是否经历过瓶颈效应，采用Bottleneck 1.2软件中适用于微卫星标记的逐步突变模型（stepwise mutation model，SMM）和双向突变模型（two-phase model，TPM），重复 1 000 次。其中 TPM 被认为是微卫星分析的最适合模型，TPM 选择 79%变异遵从 SMM，变异系数为 9%。最后通过杂合子过剩的 Wilcoxon 单尾检验判定显著性评估种群是否经历过瓶颈效应。瓶颈效应是指种群数量减少而引起的基因频率锐减的现象，对于近期经历了瓶颈效应的种群，其等位基因数量的减少比基因多样性丧失的速率要快，从而会导致杂合子数量的过剩。用于分析是否存在显著杂合子过剩的方法有标记检验（sign test）、标准差检验（standardized differences test）和 Wilcoxon 检验。其中第一种方法统计能力较低；第二种方法要求至少有 20 个多态性位点；第三种方法统计能力较强，要求较宽松，要求有至少 4 个多态性位点和任意大小的种群。因此，我们采用杂合子过剩的 Wilcoxon 单尾检验法。对于个体数量大于 30 的种群，“mode-shift”法可以描述等位基因频率的分布，稳定种群会呈现典型的 L 形分布，而经历瓶颈的种群会明显偏离典型的 L 形分布。

4.2.3 近交与有效种群大小

隔离小种群受到种群数量和遗传漂变的影响，种群内经常会出现个体间的近亲繁殖，导致近交衰退，进而加速区域种群的灭绝。微卫星为选择中性的分子标记，在进化中不受自然选择压力的作用，因此在一个大的随机交配群体内，如果没有选择交配、突变和迁移等情况的发生，等位基因频率和基因型频率随世代的增加而保持不变，符合 Hardy-Weinberg 平衡。然而隔离小种群常出现近亲繁殖打破随机交配模式，导致群体中表现明显杂合子缺失的现象，会检测到观测杂合度显著小于期望杂合度的情况，使种群偏离 Hardy-Weinberg 平衡，近交系数（fixation index，F_{is}）表现显著的正值。基于 Genepop 4.0 软件，并结合微卫星数据对每个种群和每个位点进行 Hardy-Weinberg 平衡检验获得精确的 P 值，再利用 Myriads 1.1 软件对 P 值进行 Bonferroni 校正（详见 3.2.6）的基础上，采用 GenAlEx 6.0 软件计算种群观测杂合度和期望杂合度的同时获得种群近交系数（F_{is}），从种群水平评估各局域种群是否受到近亲繁殖的影响。有效种群大小（effective population size，N_e）代表着种群遗传变异的丰富度，隔离小种群常因瓶颈效应的影响而具有较小的有效种群大小，进而更易受到遗传漂变和近亲繁殖的影响。有效种群大小与实际种群大小相比，更能反映种群分布的现状和生存潜力。本章使用 LDNe 1.31 软件结合微卫星数据对各局域种群当代有效种群大小进行估算，并和实际种群大小进行比较，得出有效种群大小在实际种群大小中所占的比例，进而比较不同局域种群间的差异。该软件是基于位点间连锁不平衡的强度进行估算，计算时采用随机交配模式，认为 $P_{crit} \geqslant 0.05$ 时结果更可信。

4.2.4 种群间迁移率分析

扩散个体成功繁殖产生强烈的基因流，能够阻止种群内遗传变异的减少，防止种群遗传分化。而种群间的基因流常受到物种扩散能力以及破碎化生境内景观结构和景观组分的影响，因此研究基因流可以推测种群间的遗传变异情况，深入认识遗传结构产生的原因，更有助于理解种群的动态变化过程。本文中使用 BayesAss 3.0.4 软件估测 6 个局域种群间的个体扩散。该软件采用贝叶斯的方法评估当代或近几个世代的个体扩散率，即近期扩散大小和方向，计算结果不受种群偏离 Hardy-Weinberg 平衡的影响。这种方法限定的最佳迁移率最大为 0.33，因此被认为研究种群间的基因流较低时结果更可信。程序开始时先设定不同的初始值对 delta 值进行调试，使得结果稳定在总迭代次数的 40%～60%之间。设置马尔科夫蒙特卡链为 10^7 次，舍弃前 10^5 次结果，之后每 100 次记录一次。程序独立重复运行 3 次以保证结果的可靠性。软件输出结果以 $m_{[A][B]}$ 形式表示迁移率，其表示 A 种群中有多少比例个体来源于 B 种群，因此对于所有种群而言得到的只有迁入率。要想得到各种群间的迁入、迁出个体数则需要做相应的转换。A 种群的迁入个体数可以直接利用 A 种群的有效种群大小与 A 种群的迁入率的乘积计算，A 种群的迁出个体数对于其他种群来说是迁入的一部分，则 A 种群的迁出个体数应该是各被迁入种群的有效种群大小乘以其对应的迁入率的累加结果。若某种群迁入个体数大于迁出个体数则认为种群表现为净迁入，该种群为汇种群；若某种群迁出个体数大于迁入个体数则认为种群表现为净迁出，该种群为源种群。

4.3　研究结果

4.3.1　种群的扩张

根据获得的 171 个 *Cyt b* 和 134 个控制区样本序列，基于快速扩张模型下的单倍型间成对碱基差异出现的观测频率和期望频率趋势构建了错配分布图（图 4-1、图 4-2），均呈现出明显的双峰或多峰曲线状态。基于 Tajima's D、Fu and Li's D 和 Fu's Fs 中性检验表明，只有高格斯台种群 *Cyt b* 的 Fu and Li's D、方正种群 *Cyt b* 和控制区的 Tajima's D 检测到不显著的负值($P<0.05$)，其他 4 个种群结果均呈现一定的正值（表 4-1）。

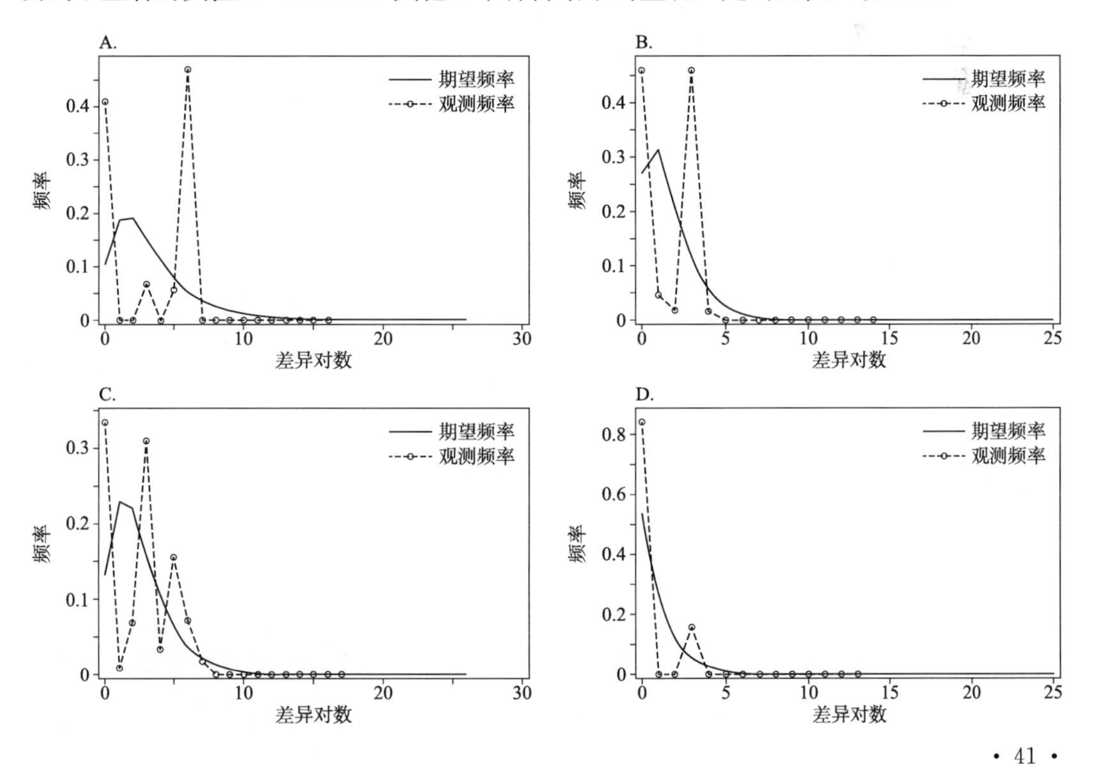

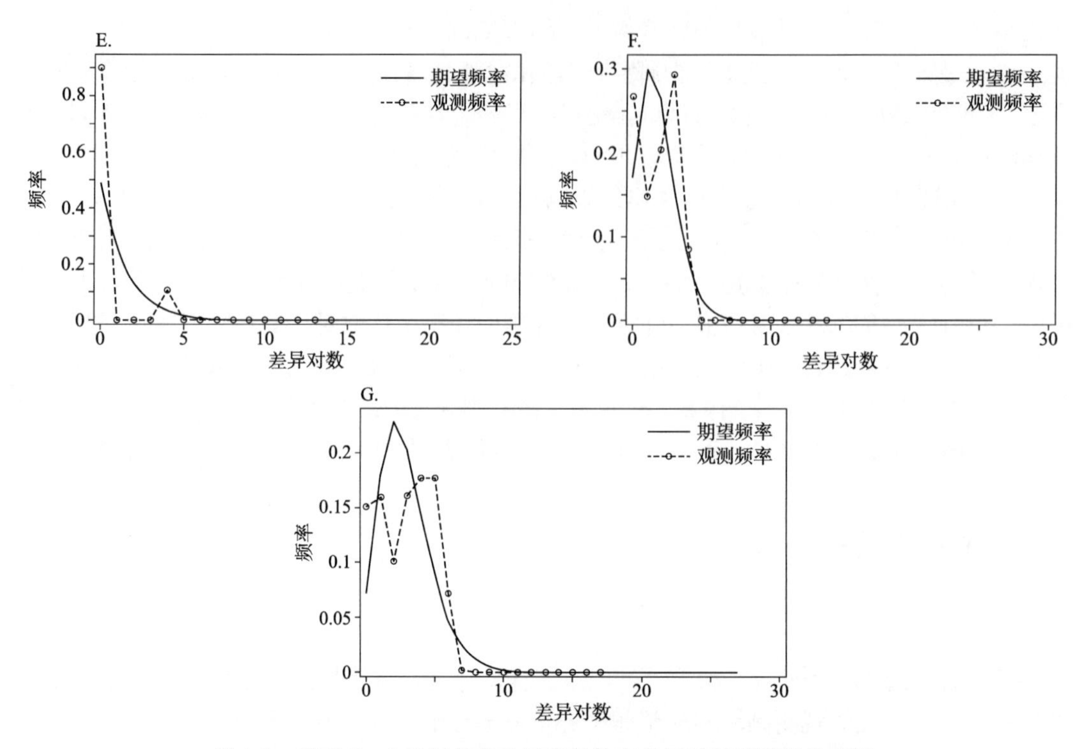

图 4-1　基于 *Cyt b* 基因的东北马鹿总体和各局域种群错配分布图

A. S 种群错配分布图　B. G 种群错配分布图　C. T 种群错配分布图　D. F 种群错配分布图

E. M 种群错配分布图　F. H 种群错配分布图　G. 总体错配分布图

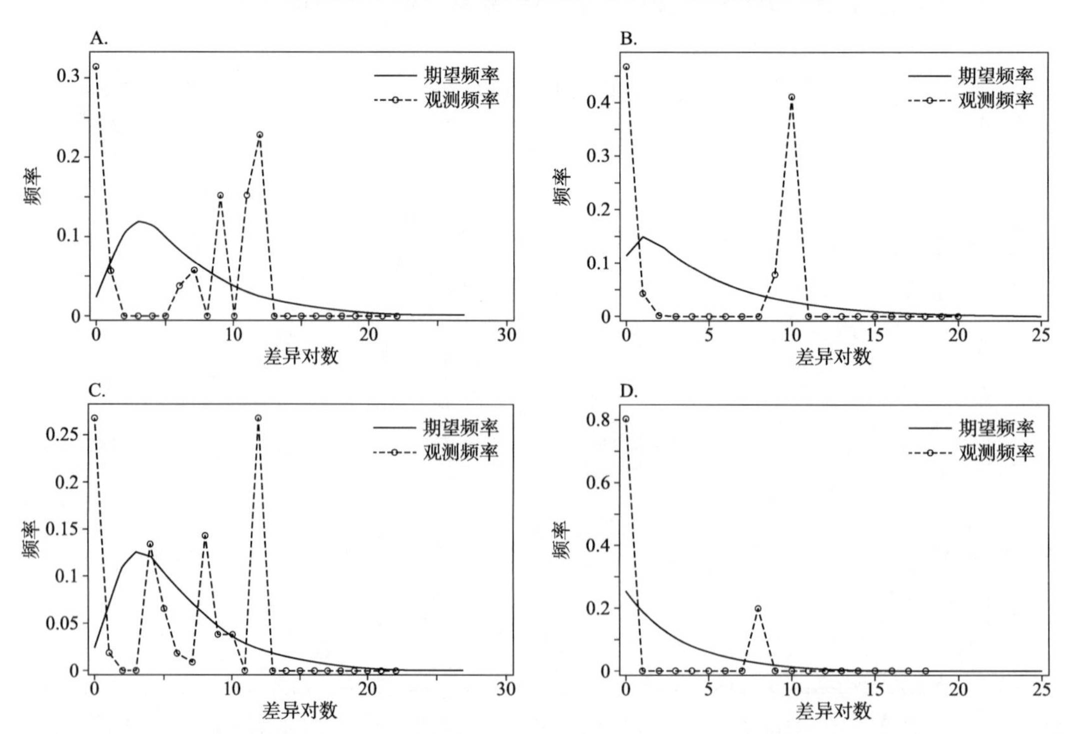

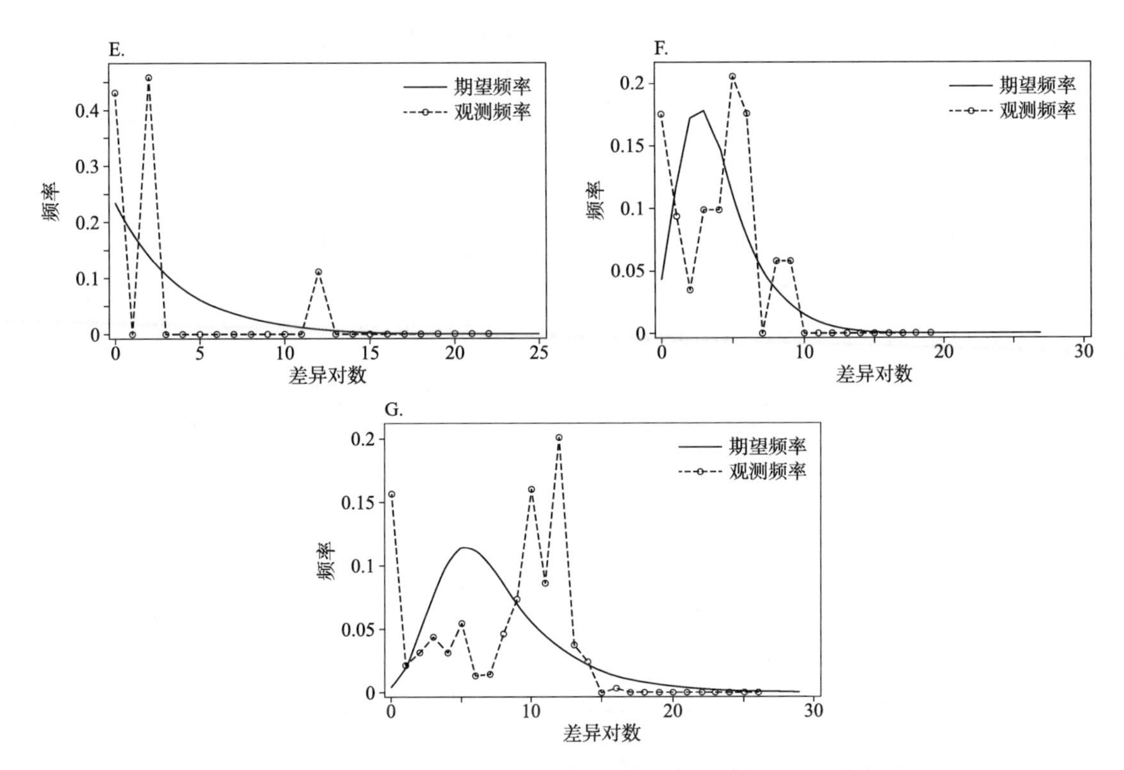

图 4-2 基于控制区序列的东北马鹿总体和各局域种群错配分布图

A. S 种群错配分布图 B. G 种群错配分布图 C. T 种群错配分布图 D. F 种群错配分布图

E. M 种群错配分布图 F. H 种群错配分布图 G. 总体错配分布图

表 4-1 基于线粒体 DNA 的中性检验结果

种群		S	G	T	F	M	H	合计
Cyt b	Tajima's D	1.975	1.601	0.819	−1.018	1.061	1.160	0.450
	Fu and Li's D	0.732	−0.093	1.322	0.979	1.578	1.138	0.911
	Fu's Fs	4.692*	2.169	2.222	1.420	2.055	1.049	0.953
控制区	Tajima's D	1.998*	3.324**	0.990	−1.043	1.848	0.894	1.178
	Fu and Li's D	1.494*	1.399	0.367	1.345	0.895	1.437*	1.261
	Fu's Fs	5.746*	8.978**	3.774	4.345	2.848	1.649	2.448* (P=0.049)

注：基于 Tajima's D、Fu and Li's D 和 Fu's Fs 中性检验的显著性检验（* 表示 $P<0.05$；** 表示 $P<0.01$）

4.3.2 种群的遗传瓶颈

中性检验进一步显示，双河种群（*Cyt b* 中 Fu's Fs=4.692；控制区中 Tajima's D=1.998，Fu and Li's D=1.494，Fu's Fs=5.746）和黄泥河种群（控制区中 Fu and Li's D=1.437）呈现显著的正值（$P<0.05$），高格斯台种群（控制区中 Tajima's D=3.324，Fu's Fs=8.978）呈现极显著的正值（$P<0.01$），整体种群（控制区中 Fu's Fs=2.448）也呈现临界的显著性正值（$P=0.049<0.05$），检测结果说明双河种群、高格斯台种群、

黄泥河种群和整体种群经历了显著的近期瓶颈。虽然其他种群的中性检验未达到显著性水平（$P>0.05$），但结果几乎均显示为正值（表 4-1）。基于微卫星数据的种群瓶颈效应检测结果表明，方正种群在 TPM 模型中呈现出极显著的杂合度过剩（$P<0.01$），说明种群经历了近期的瓶颈。而其他种群在 SMM 和 TPM 两种模型中均未检测出显著的杂合度过剩（$P>0.05$），同时等位基因频率分布没有显著偏离典型的“L”形分布，未检测出其他种群近期的瓶颈效应。同时，在 SMM 模型中检测到高格斯台种群显著的杂合度不足（$P<0.05$）（表 4-2）。结合上述线粒体 DNA 中性检验和微卫星数据的 Wilcoxon 检验结果，认为东北马鹿各局域种群近期都经历了不同程度的瓶颈效应。

表 4-2 基于 Wilcoxon 检验种群遗传瓶颈效应的 *P* 值结果

种群	SMM		TPM		Mode-shift
	杂合度过剩	杂合度不足	杂合度过剩	杂合度不足	
S	0.947	0.065	0.813	0.216	“L”形分布
G	0.991	0.012*	0.539	0.500	“L”形分布
T	0.938	0.075	0.947	0.065	“L”形分布
F	0.116	0.903	0.009**	0.993	“L”形分布
M	0.884	0.138	0.722	0.313	“L”形分布
H	0.884	0.138	0.186	0.839	“L”形分布

注：* 表示 $P<0.05$，** 表示 $P<0.01$

4.3.3 种群的近亲繁殖

基于 10 个微卫星位点的整体检测，经 Bonferroni 法校正后，发现双河种群、方正种群、穆棱种群、黄泥河种群和整体种群都显著偏离 Hardy-Weinberg 平衡（$P<0.0096$），但是 6 个局域种群和整体种群的观测杂合度均大于期望杂合度，近交系数均表现为负值，说明东北马鹿种群没有出现近交繁殖情况（表 3-8）。而显著偏离 Hardy-Weinberg 平衡的种群可能受到其他因素的影响。

4.3.4 有效种群大小

有效种群大小是比实际种群数量更具生物学意义的种群参数，基于 LDNe 软件得到东北马鹿整体种群的近代有效种群大小比例为 65%，但各局域种群有效种群大小所占比例相差较大（表 4-3）。其中高格斯台种群和黄泥河种群大小比例最高，分别为 97%和 92%；其次是方正种群和双河种群，分别为 68%和 51%；而穆棱种群和铁力种群表现出较低的比例，分别为 22%和 17%，其中穆棱种群 19 只马鹿仅有 4.1 只为有效种群，而铁力种群 31 只马鹿中仅有 5.3 只属于有效种群。

表 4-3 东北马鹿各局域种群的有效种群大小与所占比例

种群	种群大小	有效种群大小	比例（%）
S	17	8.7	51
G	49	47.4	97
T	31	5.3	17

（续）

种群	种群大小	有效种群大小	比例（%）
F	24	16.2	68
M	19	4.1	22
H	32	29.3	92
合计	172	111.0	65

4.3.5 种群间迁移率

利用 BayesAss 软件计算当代东北马鹿在不同种群间的个体迁移率，结果见表 4-4、图 4-3 和图 4-4。东北马鹿种群间每世代个体迁移率在 0.0063～0.0464 之间，而种群内为 0.8978～0.9607 之间。再结合各局域种群的有效种群大小，得到种群间的迁移个体数，结果见图 4-5 和图 4-6。东北马鹿种群间每世代迁移个体数较低，在 0.053～0.626 之间，平均为 0.205±0.124，但变化幅度高达 11.8 倍。高格斯台与黄泥河种群间迁移数最高，而铁力和穆棱种群间最低。

表 4-4 东北马鹿各局域种群间的个体迁移率（行种群至列种群）

种群	S	G	T	F	M	H
S	0.8978	0.0227	0.0228	0.0165	0.0178	0.0224
G	0.0063	0.9607	0.0067	0.0068	0.0063	0.0132
T	0.0106	0.0104	0.9035	0.0192	0.0099	0.0464
F	0.0124	0.0140	0.0150	0.9308	0.0120	0.0158
M	0.0159	0.0269	0.0134	0.0142	0.9156	0.0141
H	0.0092	0.0113	0.0092	0.0097	0.0094	0.9512

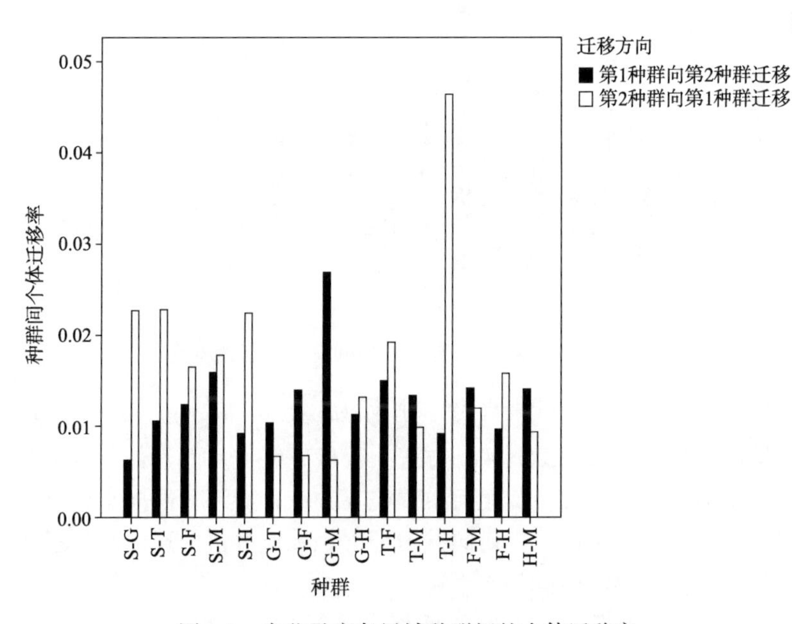

图 4-3 东北马鹿各局域种群间的个体迁移率

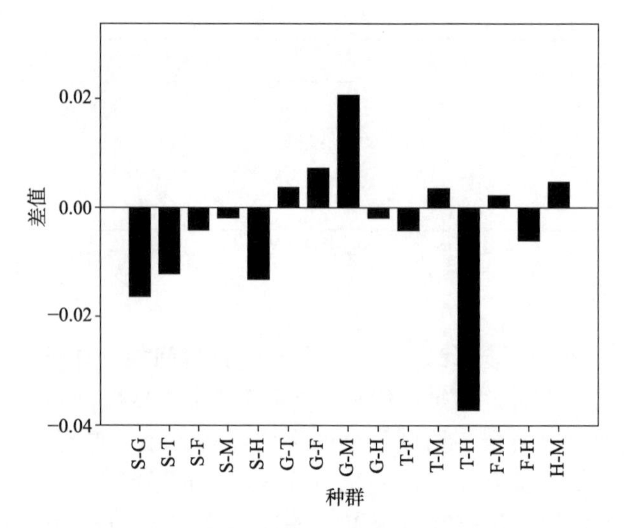

图 4-4　种群间个体迁移率的差值

注：结果为第 1 种群向第 2 种群的迁移率减去第 2 种群向第 1 种群的迁移率

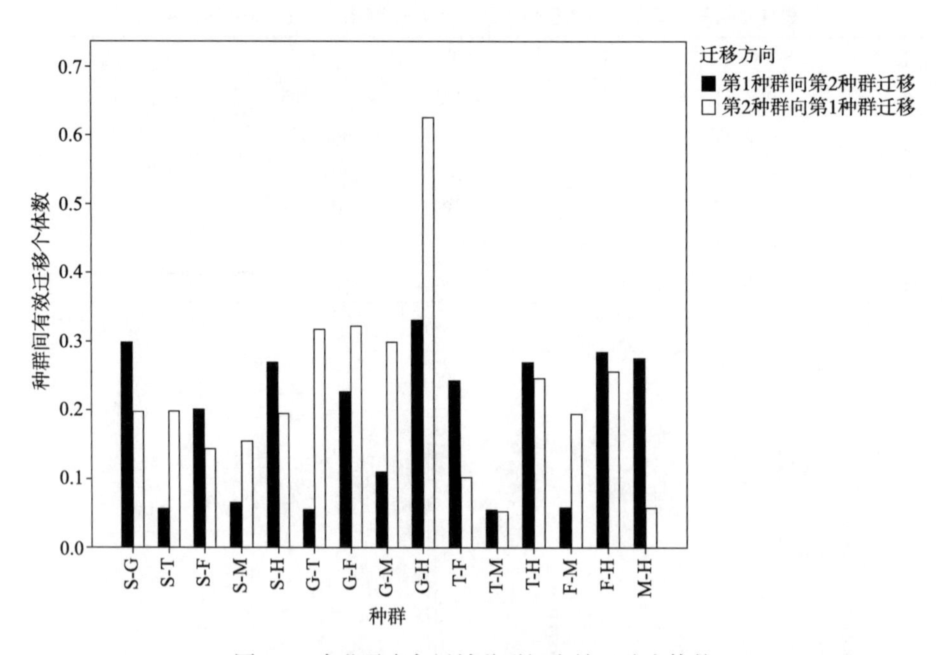

图 4-5　东北马鹿各局域种群间有效迁移个体数

（1）双河种群　与其他种群间的迁移个体数为 0.056～0.299；双河种群向其他种群的迁出个体数排序为高格斯台＞黄泥河＞方正＞穆棱＞铁力；而其他种群向双河种群的迁入个体数排序为铁力＞高格斯台＞黄泥河＞穆棱＞方正；双河种群向高格斯台种群、方正种群和黄泥河种群的迁出大于迁入，而向铁力种群和穆棱种群的迁出小于迁入，双河种群整体的迁出和迁入近似相等，种群趋于平稳。

（2）高格斯台种群　与其他种群间的迁移个体数为 0.055～0.626；高格斯台种群向

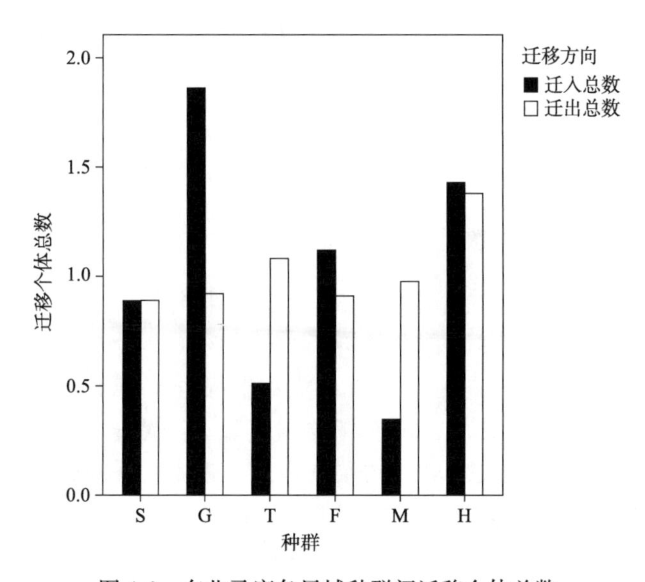

图 4-6　东北马鹿各局域种群间迁移个体总数

注：迁入总数是指从其他所有种群迁移到 1 个种群的个体总数；迁出总数是指从 1 个种群迁移到其他所有种群的个体总数

其他种群的迁出个体数排序为黄泥河＞方正＞双河＞穆棱＞铁力；而其他种群向高格斯台种群的迁入个体数排序为黄泥河＞方正＞铁力＞双河＞穆棱；高格斯台种群向其他种群的迁出均小于迁入，表现为汇种群。

（3）铁力种群　与其他种群间的迁移个体数为 0.053～0.318；铁力种群向其他种群的迁出个体数排序为高格斯台＞黄泥河＞方正＞双河＞穆棱；而其他种群向铁力种群的迁入个体数排序为黄泥河＞方正＞双河＞高格斯台＞穆棱；铁力种群向其他种群的迁出均大于迁入，表现为源种群。

（4）方正种群　与其他种群间的迁移个体数为 0.058～0.322；方正种群向其他种群的迁出个体数排序为高格斯台＞黄泥河＞双河＞铁力＞穆棱；而其他种群向方正种群的迁入个体数排序为黄泥河＞铁力＞高格斯台＞双河＞穆棱；方正种群向高格斯台和黄泥河种群的迁出大于迁入，而向双河、铁力和穆棱种群的迁出小于迁入，方正种群整体的迁出小于迁入，表现为汇种群。

（5）穆棱种群　与其他种群间的迁移个体数为 0.053～0.299；穆棱种群向其他种群的迁出个体数排序为高格斯台＞黄泥河＞方正＞双河＞铁力；而其他种群向穆棱种群的迁入个体数排序为高格斯台＞双河＞方正＝黄泥河＞铁力；穆棱种群向铁力种群的迁出略小于迁入，向其他种群的迁出均大于迁入，表现为源种群。

（6）黄泥河种群　与其他种群间的迁移个体数为 0.058～0.626；黄泥河种群向其他种群的迁出个体数排序为高格斯台＞方正＞铁力＞双河＞穆棱；而其他种群向黄泥河种群的迁入个体数排序为高格斯台＞方正＞穆棱＞双河＝铁力；黄泥河种群向高格斯台种群的迁出大于迁入，而向其他种群的迁出均小于迁入，黄泥河种群整体的迁出小于迁入，表现为汇种群。综上所述，高格斯台、方正和黄泥河种群表现为净迁入的汇种群，铁力和穆棱种群表现为净迁出的源种群，而双河种群的净迁入和净迁出近似相等，种群趋于平稳。

4.4 讨论

4.4.1 东北马鹿的分布与种群数量

为了更充分地理解种群统计学历史信息，有必要对当前东北马鹿的分布与种群数量的动态进行探讨。东北马鹿的种群调查主要始于20世纪50年代初，1953—1957年中国科学院动物研究所历时5年总结编写了《东北兽类调查报告》，表示东北马鹿近年来由于野外狩猎，其数量已相当稀少。1974—1976年的调查显示，黑龙江省马鹿种群出现明显的分布区退缩和生境破碎化现象。2000年的调查指出，近十年马鹿数量减少了35%，生境破碎化和非法盗猎致使马鹿数量一直在急剧下降。2015年的调查显示，曾经马鹿种群密度最高的完达山地区现野外几乎难觅其踪。近百年来，曾广泛分布于东北林区（黑龙江、内蒙古和吉林）大、小兴安岭和长白山脉的东北马鹿，其种群数量和分布区一直在下降和缩小，当前已身处隔离小种群的生存状态。目前为止东北马鹿整体野外数量与分布还没有最新的调查数据。本文在黑龙江、吉林和内蒙古的6个地区获得了东北马鹿研究样本，分别是：双河保护区、高格斯台保护区、铁力林业局施业区、方正林业局施业区、黄泥河保护区和穆棱保护区。同时，我们在张广才岭中部的苇河林业局施业区、老爷岭东南部的黑龙江老爷岭东北虎国家级自然保护区和完达山脉的宝清县也进行了野外样本收集，但均未鉴定到东北马鹿。

大兴安岭，北起黑龙江南岸，南至内蒙古自治区赤峰市克什克腾旗的西拉木伦河，全长约1 200km，东北-西南走向，为我国境内跨越纬度最多的山脉。刘辉（2017）在2012—2015年冬季期间对大兴安岭北部进行了驼鹿野外调查和取样，研究地区北起黑龙江漠河南至内蒙古乌尔旗汉林业局施业区和小兴安岭北部的沾河林业局施业区，包括黑龙江漠河县、双河保护区、内蒙古汗马国家级自然保护区、乌尔旗汉林业局施业区、黑龙江南瓮河国家级自然保护区和沾河林业局施业区等6个研究地区，范围涵盖了整个大兴安岭北部，发现只有在大兴安岭最北部的双河保护区有马鹿分布。2015年双河保护区最新统计数据中野外马鹿种群密度为0.101只/km^2，数量为90只左右。通过冬季黑龙江江面雪地足迹判断，双河保护区的马鹿与俄罗斯的马鹿种群有交流。大兴安岭中部，即牙克石至阿尔山一带可能有马鹿分布，但最新的数量不详。在大兴安岭南部，特别是最南部赤峰地区有较大数量的马鹿分布。据保护区表示，高格斯台保护区内有马鹿3 000只左右，为目前已知东北马鹿种群密度最高的地区。同时在该保护区向南100多千米处的赛罕乌拉国家级自然保护区，以及通辽市的扎鲁特旗和大兴安岭最南端赤峰市克什克腾旗的北部地区都有一定数量的马鹿分布。

小兴安岭，呈西北-东南走向，西北以嫩江为界与大兴安岭相连，东南抵松花江畔与张广才岭相接，南北长约450km，东西宽约210km。本文在小兴安岭南部铁力林业局施业区内获得了马鹿研究样本，鉴定出31只个体。结合本文中调查数据和当地巡护人员介绍，初步估计铁力地区马鹿数量不足 50 只，并发现在浅山区马鹿分布的密度较高，并常到林间农田取食。根据当地目前的人为干扰强度判断，该地区未来马鹿种群数量可能面临继续下降的趋势。结合驼鹿、野猪和东北虎猎物调查等相关项目结果，以及当地林业部门介绍，我们认为铁力可能为小兴安岭地区马鹿数量相对较高的区域，同时在双丰、绥棱、朗乡和友好等小兴安岭南部林区存在一定数量的分布，而在伊春北部和黑河等小兴安岭北部林区较难发现马鹿的活动踪迹。

本文在完达山地区宝清县的野外调查中，未能发现马鹿的活动踪迹，同时结合多年对完达山东部地区的调查结果，认为完达山地区的马鹿可能面临野外灭绝的风险。对于张广才岭地区，本文在北部的方正林业局施业区内的 3 个林场（四道、红旗和石河林场）进行了野外取样，共鉴定出 24 只马鹿个体。野外调查显示，马鹿在此 3 个林场内种群密度较高，其他林场的分布却较少，初步估计该地区有 50 只以上马鹿。调查发现，方正地区的当地政府和居民对野生动物的管理和保护意识较强，采样期间未发现乱捕滥猎现象。在张广才岭中部的苇河林业局施业区内对 10 个林场进行了全面调查，未能获得马鹿样本。相关野外调查也发现，亚布力、海林、大海林和山河屯林区较难发现马鹿活动踪迹。而在东京城林区南部的尔站区域和临近的小北湖国家级自然保护区有一定数量的马鹿分布，东京城林区东部临近穆棱区域也有少量马鹿分布。在东京城林区南部的黄泥河保护区内有较大数量的马鹿分布，我们在保护区部分地区收集粪便样本的基础上共鉴定出 32 只马鹿个体。在 2017 年和 2019 年，保护区分别基于大样方法的调查结果，认为保护区内有马鹿 100 只左右。因此，认为张广才岭地区的马鹿重点分布在北部的方正林区、南部的黄泥河保护区内及其保护区北部邻近区域。

在老爷岭地区，我们在穆棱保护区进行了两次系统取样，鉴定出 19 只马鹿个体，基本涵盖了保护区内整个马鹿种群，也因此认为保护区内有马鹿 20 只左右，同时在该保护区内也鉴定出了数量相当的梅花鹿个体。调查显示，保护区外邻接的东北方向狮子桥和东兴林场也有一定数量的马鹿分布。我们在距穆棱保护区约 100km，东南方向的黑龙江老爷岭东北虎国家级自然保护区内获得 64 份粪便样本，经物种鉴定全部为梅花鹿和狍个体。同时，保护区内的红外相机也从未拍摄到马鹿，在保护区外的其他绥阳林区也很难发现马鹿活动踪迹。

对于吉林省内的马鹿种群，据世界自然基金会（WWF）介绍，黄泥河保护区为马鹿种群密度最高的分布区，黄泥河、汪清、天桥岭、大兴沟、大石头、白石山敦化市、舒兰市、蛟河市、汪清县等林业局施业区内都有马鹿分布，但种群数量都很低。基于本文的介绍、相关野外调查和文献报道，虽然上述关于马鹿分布的论述仅为初步估测结果，但也反映了东北马鹿当前的基本分布状况。综上所述，认为：大兴安岭地区东北马鹿重点分布于最北部的双河保护区与最南部的赤峰和通辽一带；小兴安岭地区东北马鹿重点分布于铁力一带的南部区域；张广才岭的东北马鹿也重点分布于北部的方正林区和南部的黄泥河保护区及邻近区域；老爷岭的东北马鹿仅在穆棱保护区一带重点分布。因此，本文中的 6 个地理区域基本涵盖了当前东北马鹿的重点分布地区。同时期待尽快开展东北马鹿种群的野外调查和空间分布格局研究，推动该濒危物种的科学保护和种群恢复计划的制定，同时也为 IUCN 数据库的完善提供基础数据。

4.4.2 种群扩张与瓶颈效应

mtDNA 的错配分布图均呈现出明显的双峰或多峰曲线状态，而不是典型的单峰曲线，表明东北马鹿各局域种群和整体种群经历了比较复杂的种群历史，没有发生过历史扩张事件。中性检验结果也进一步支持错配分布分析的结论，说明东北马鹿未发生过种群历史扩张事件。基于微卫星数据在 SMM 模型中检测到高格斯台种群显著的杂合度不足，此结果暗示该种群在瓶颈事件后出现数量的快速增长。此结果与高格斯台种群 *Cyt b* 数据表现出高单倍型多样性和低核苷酸多样性为种群瓶颈效应后伴随种群快速增长和突变积累的结论相吻合。近期，特别是从 20 世纪 50 年代开始，由于生境破坏和过度捕猎等原因导致高格斯台地区的野生马鹿种群数量急剧下降，至 20 世纪末种群数量出现了历史最低值。21 世纪初自保护区成立以来，马鹿受到了有效保护，种群得到快速恢复。相比历史最低值，现在该地区马鹿种群数量增加了近 10 倍，已成为当前东北马鹿种群密度最高的分布区。基于线粒体 DNA 中性检验，发现双河、高格斯台、黄泥河和整体种群都经历了近期的瓶颈效应，其他种群的检验结果也几乎均为正值。但微卫星数据的种群瓶颈效应检测结果，仅方正种群在 TPM 模型中呈现出极显著的杂合度过剩，检测到该种群经历了近期的瓶颈效应。Krojerová-Prokešová 等（2013）在梅花鹿的研究中指出，与核 DNA 相比，母系遗传的线粒体 DNA 对种群瓶颈效应更加敏感。也因此认为，东北马鹿各局域种群近期都经历了不同程度的瓶颈效应。研究表明，马鹿种群数量的减少主要受盗猎、森林采伐和天敌捕食的影响。马鹿的天敌主要有虎、豹、豺、狼、猞猁等猛兽，这些物种过去种群数量也在一直下降，当前也均处于极度濒危或濒危状态，因此不能作为马鹿种群瓶颈效应的重要影响因素。

人为捕杀是导致许多野生动物灭绝的重要原因。据中国历史时期狩猎记载分析，在距今约 200 年以前的历史时期，人口稀少和生产力低下，加之历史时期人们关于野生动物保护的思想和法令，因此对野生动物的利用很有限。近代以来，受战争、人口增加和生活水平提升的影响，人们对野生动物产品需求量增大，非法狩猎十分严重，一些濒危动物受到盗猎的威胁，是中国历史上最为盗猎严重的时期。据史料记载，1840 年黑龙江人口大约为 25 万人；鸦片战争以后，1840—1900 年经历人口缓增，清末 1900—1911 年黑龙江人口猛涨至 300 多万；民国时期黑龙江人口大发展，到 1949 年黑龙江人口已突破 1 000 万；之后一直呈增长态势，据统计，2018 年黑龙江总人口为 3 773 万。与历史时期相比，近代以来黑龙江人口数量显著增长，当前人口数量为 1840 年的 151 倍。同时，鸦片战争以后，一些外国探险家、神父和学者相继涉足东北地区，大量搜集标本。中华人民共和国成立后开展野生动物的人工饲养开发利用，东北马鹿的人工驯养利用起步较晚，开始于 1958 年，截至 1996 年东北三省马鹿饲养种群达到 27 万只左右，而最初的很多饲养种群均来自野外。长期以来，区域性盗猎是导致马鹿种群数量下降的主要原因。Zhou 和 Zhang（2011）研究表明，完达山地区 91.89%的马鹿死亡是盗猎导致的，多年来未能进行有效的科学保护，也导致该地区马鹿面临野外灭绝的风险。

森林采伐导致连续的生境破碎化、生境质量下降和面积减少，从而间接影响了马鹿种群的数量。黑龙江林区的人类活动可以追溯到万年以前的虞舜时期，历经周朝、唐朝渤海国、辽、金、元、明、清各朝代，在黑龙江林区建造城郭、管庄、驿站、卫所等，但当时黑龙江地广人稀，大森林基本保持原始状态。清朝康熙至咸丰近200年间，为保护祖先的“龙兴之地”，曾对东北地区实行封禁政策，使东北地区的森林资源得到了保护。鸦片战争后，由于内忧外患的加深，自1861年起清政府被迫逐渐“弛禁”，开放旗荒，此后关内流民逐渐进入黑龙江地区垦荒种地，“毁林辟农田”多有发生，森林资源有所减少，松嫩平原的森林、草原逐步变为大片农田。1896年开始，沙俄在东北地区修筑中东铁路，铁路沿线所用枕木、房舍、燃料和薪炭材等消耗了大量原始森林，之后乱砍滥伐建伐木公司，大批木材运往沙俄远销欧洲。19世纪末，黑龙江民族采木工业兴起，直到1904年日俄战争，日本取得南满洲铁路支配权，兴办采木公司、制材厂和造纸厂，大量采伐大、小兴安岭，张广才岭及老爷岭林区森林。1931年东北地区沦为日本殖民地，官办森林采伐集团，大肆掠夺森林资源将大量木材运至日本各地，14年间破坏东北森林达600万 hm^2 之多。1945年抗日战争胜利后，东北林区为恢复铁路交通、工农业生产和人民生活所需木材做出了贡献。1949年中华人民共和国成立后，国家制定“普遍护林，重点造林，合理采伐和合理利用”的林业经营方针。40多年来，东北林区为国家建设做出巨大贡献，成为国家重要木材生产基地。多年来超生长量采伐、采育失调和乱砍滥伐，森林资源危机成为严峻问题。近年来国家对林业危机十分重视，采取了一系列有效措施，2000年开始，国家实施天然林重点保护工程，2014年开始全面禁止天然林商业性采伐。

自近代以来人口数量的剧增、森林被大量采伐破坏、盗猎屡禁不止，持续的生境丧失和人类干扰，使东北马鹿种群受到严重威胁。据报道，2000年左右东北大部分林区马鹿种群数量出现了历史最低值，目前在很多地区已难觅踪迹。加之隔离小种群受遗传漂变的影响，稀有等位基因快速丧失，导致了遗传上呈现出种群的瓶颈效应。

4.4.3 种群的近亲繁殖

隔离小种群的近亲繁殖会导致群体中表现明显的杂合子缺失，会检测到观测杂合度显著小于期望杂合度，使种群偏离 Hardy-Weinberg 平衡，近交系数（F_{is}）表现显著的正值。本文中调查的6个局域种群和整体种群中均未检测到近亲繁殖情况，近交系数均表现为负值，观测杂合度均大于期望杂合度。检测到，双河、方正、穆棱、黄泥河和整体种群都显著偏离 Hardy-Weinberg 平衡。偏离 Hardy-Weinberg 平衡的原因有很多，通常认为种群亚结构、近亲交配、无效等位基因、有效种群大小和迁移等都会导致种群偏离 Hardy-Weinberg 平衡。本章检测到的观测杂合度均大于期望杂合度，说明种群未受到近亲交配和无效等位基因的影响。显著偏离 Hardy-Weinberg 平衡的原因，很可能是由于东北马鹿生境破碎化，种群数据急剧下降，使得有效种群大小骤减，种群经历瓶颈效应，同时种群间显著的地理隔离导致整体种群的亚结构，以及各局域种群的迁入和迁出。

4.4.4 有效种群大小与种群间迁移率

有效种群大小是比实际种群数量更具生物学意义的种群参数，其代表着种群遗传变异的丰富度，隔离小种群常因瓶颈效应的影响而具有较小的有效种群大小，进而更易受到遗传漂变和近亲繁殖的影响。有效种群大小与实际种群大小相比，更能反映种群分布的现状和生存潜力。我们基于各局域种群采样个体数，得到东北马鹿整体种群的近代有效种群大小比例为65%。但各局域种群有效种群大小所占比例相差较大，其中高格斯台和黄泥河种群最高，分别为97%和92%；方正和双河种群居中并接近于平均值，分别为68%和51%；穆棱和铁力种群却表现出较低的比例，分别为22%和17%。Charlesworth（2009）的研究表示，种群规模、性比、种群年龄结构、近交和遗传方式等都是影响有效种群大小的因素。而本文中得到的有效种群大小与各局域种群的规模相一致，高格斯台和黄泥河在当前和历史时期种群规模最高，方正和双河种群其次，穆棱和铁力种群相对较低。同时有效种群大小的结果，也预示着未来各局域种群不同的生存和进化潜力。

直接观察获取种群间迁移率非常困难，而利用分子生物学方法得到的种群间迁移率更能有效反应种群间交流情况。本文基于种群间迁移率分析，呈现出东北马鹿各局域种群间迁移个体数有较大的变化幅度，整体上高格斯台与黄泥河种群间迁移数最高，而铁力和穆棱种群间最低。对于双河种群，向同一山脉南端距离最远的高格斯台迁出个体数最多，向双河种群的迁入则为距离最近的铁力种群最高。对于高格斯台种群，迁出和迁入最高的都是距离最近的黄泥河种群。对于地处中部的铁力和方正种群，都是迁出到高格斯台的最高，向其迁入都是黄泥河最高。对于地处南部的穆棱和黄泥河种群，迁出和迁入最高的都是高格斯台种群。上述结论与各局域种群当代历史数量波动和当前种群规模相一致，也与空间距离和空间阻隔有关。与上述解释相对应，高格斯台、方正和黄泥河种群表现为净迁入的汇种群，双河种群的净迁入和净迁出近似相等，鉴于大兴安岭北端的双河种群与其他种群空间距离较远，该种群可能与俄罗斯马鹿种群有更强的交流。而铁力和穆棱种群表现为净迁出的源种群，也提示按此趋势变化两个种群若不能合理保护，未来将面临种群数量下降的可能，同时鉴于穆棱种群地处国家级保护区内，更值得关注的是铁力种群。

4.5 本章小结

（1）本文所研究的6个局域种群代表了当前东北马鹿种群的重点分布区，其中高格斯台和黄泥河种群规模最大，其次为双河和方正种群，铁力和穆棱种群规模相对最小。

（2）东北马鹿种群进化历史复杂，未检测到种群历史扩张事件。过去种群数量的持续下降，已导致不同程度的遗传瓶颈效应，高格斯台种群在历史瓶颈事件后呈现数量的快速增长，提示种群未来发展潜力脆弱，需增强科学保护工作。

（3）当前东北马鹿种群数量下降、分布区隔离，并未导致各种群发生近交繁殖。鉴于老爷岭地区东北梅花鹿种群的近交衰退，东北马鹿种群应继续加强监测与科学研究。

（4）有效种群大小所占比例差异较大，与当前各局域种群规模相一致。当代种群迁移率检测到高格斯台、方正和黄泥河种群表现为净迁入，双河种群趋于稳定，铁力和穆棱种群表现为净迁出。提示种群未来会呈现不同的生存潜力，亟待开展人工干预使种群健康发展，铁力与穆棱种群应给予优先关注。

5 东北马鹿种群遗传结构分析

5.1 引言

种群遗传结构包括种群内的遗传变异和种群间的遗传分化，其为物种进化历史、分布格局、迁移方式和繁殖方式等不同因素综合作用的结果。遗传分化的产生会导致种群遗传多样性和进化潜力的降低，进而增加物种的灭绝风险。其研究可以了解物种过去和现在的进化历史与种群动态，评估未来发展潜力，同时也是定义进化显著单元与管理单元以及实施迁地与就地保护的基础。因此，种群遗传结构研究对于濒危物种保护策略的科学制定有着重要的意义。

我国分布的马鹿均呈现不同程度的濒危状态，受进化历史、生境破碎化和人类活动的长期影响，已导致不同地区的种群结构发生改变。而东北马鹿过去的种群遗传学研究缺少关于种群遗传结构的评价，加之该物种种群数量的持续下降、生境的破碎化和地理隔离等因素，可能已经显著影响着种群间正常的基因交流，难以抵御遗传漂变造成的种群分化，并且当前某些自然景观和人工景观等因素可能仍然在发挥着负面作用。基于前文所述迁移率研究显示，东北马鹿各局域种群间过去呈现较低水平的基因流。因此，本章拟利用 mtDNA 和微卫星分子标记，以回答地理与景观特征的隔离是否导致东北马鹿种群间呈现显著的遗传分化，抑或是马鹿较强的扩散能力足以抵消这些隔离影响。

5.2 研究方法

5.2.1 mtDNA 数据分析

对于 mtDNA 数据，首先利用 Clustal X 2.1 软件对东北马鹿不同个体的 *Cyt b* 和控制区序列分别进行排列，其单倍型信息采用 DnaSP 5.10 软件获取。然后采用 Arlequin 3.11 软件计算两两种群间的遗传分化指数（*F*-statistics，F_{st}），使用 1 000 次重抽样检验 F_{st} 值的显著性，计算种群间的基因流（the number of migrants per generation，N_m），并进行分子变异分析（analysis of molecular variance，AMOVA）估测遗传变异在种群内和种群间的分配情况。再采用 MEGA X 软件寻找最佳核苷酸替换模型（*Cyt b* 为 T92，控制区为 T92+G），计算种群间的遗传距离；以东北梅花鹿为外群（穆棱地区样品，测序获取序列），分别以邻接法（neighbor joining，NJ）、最大简约法（maximum parsimony，MP）和最大似然法（maximum likelihood，ML）构建单倍型分子系统发生树。邻接法和最大似然法采用上述最佳核苷酸替换模型，最大简约法的搜索方法采用 subtree-pruning-regrafting，自举检验值由 1 000 次重复检验获得，系统发生树的美化采用在线软件 iTOL v4。

相对于进化树，单倍型网络图可以更有效地展示物种内单倍型的进化关系，因此利用 Network 10.2 软件中的 median-joining network 算法构建东北马鹿的单倍型网络图，分析单倍型所对应的种群间关系。

5.2.2 微卫星数据分析

对于微卫星数据，采用 Genetix 4.05 软件计算种群间和整体种群的遗传分化指数（F_{st}）和基因流（N_m），模拟重复 1 000 次进行结果的显著性检验。衡量种群遗传分化的另一种方法是分子变异分析（AMOVA），不同于 F_{st} 使用等位基因频率的方法计算种群间遗传分化，AMOVA 使用遗传距离的方法衡量种群间遗传分化。利用 GenAlEx 6.0 软件进行 AMOVA，估测遗传变异在种群内和种群间的分配情况，同时计算种群间和整体种群的遗传分化指数，这里用 Φ_{st} 表示，模拟重复 1 000 次用于确定计算结果的显著性。F_{st} 和类似的指标都假设比较的群体是种群，动物种群的划分如果不能反映真实的种群关系，可能会造成严重的后果。为了避免这一问题，减少取样和分组在确定种群结构时造成偏差，采用基于个体的非先验分析方法来鉴别种群，其中广泛应用的就是基于贝叶斯聚类分析的方法，常用的软件有 Structure、Geneland 和 TESS 等。其中 Structure 应用的是一种非空间聚簇方法，Geneland 和 TESS 是结合个体地理位置信息的空间聚簇方法，TESS 即使在亚种群分化 F_{st} 仅有 0.02 时，也能达到 83%的正确个体分配概率。

利用 Structure 2.3.4 软件分析种群遗传结构，设置种群数（population clusters，K）为 1～10，每个 K 值重复运算 20 次，length of burnin period 和 MCMC reps 分别为 100 000 和 10 000。运算结果上传至 Structure Harvester Web v0.6.94 进行分析，利用后验概率 Ln Pr（X | K）和 ΔK 值共同确定最适合的 K 值。采用 CLUMPP 1.1.2 软件对最适 K 值的 20 次重复结果进行平均化处理，最后以 Excel 2003 对每个个体的分组结果作图。TESS 方法是基于 Hidden Markov Random Field（HMRF）统计学模型的空间依赖性聚簇方法，即空间连续分布的个体与更远个体相比，具有更高的聚簇成员资格。因此，利用 TESS 2.3.1 软件结合个体空间位置信息进一步评价种群遗传结构，运算中使用 MCMC 算法，假定 admixture 模型；设置最大聚簇数目 $K=2～10$，并各独立重复运算 100 次；摸索 MCMC 总重复次数和 burn-in 次数，以 Log-Likelihood 值达到稳定为标准，分别为 1 200 和 200。对运算结果 DIC 值作图，并以最低 DIC 值判断最适合的分组数。结果可能会出现随着分组数目的增大而 DIC 值逐渐降低，很难判断合适分组数的情况，因此采用 PAST 4.02 软件对分组间 DIC 值进行 Kruskal-Wallis 检验，找到两个分组之间刚刚没有显著差异时的 K 值，这个值即为最合适的分组值。

5.3 研究结果

5.3.1 *Cyt b* 基因的种群结构

根据测得的 *Cyt b* 基因序列用 MEGA X 软件对 11 个东北马鹿单倍型进行遗传距离的计算，得出遗传距离介于 0.0030～0.0140，平均遗传距离为 0.0080。总体上，双河种群与其他种群之间的遗传距离最大（0.0090～0.0140），其中与高格斯台、铁力种群间相对较小，而与方正、穆棱、黄泥河种群间相对较大。高格斯台种群与其他种群间遗传距离也较大，其中与穆棱、黄泥河种群间遗传距离相对较小，与铁力种群间居中，而与双河、方正种群间相对较大。铁力种群与双河、高格斯台种群间遗传距离相对较大，铁力、方正、穆棱和黄泥河种群之间相互表现相对较低的遗传距离（表 5-1）。

表 5-1　基于 *Cyt b* 的种群间遗传距离

种群	S	G	T	F	M
G	0.0090				
T	0.0116	0.0075			
F	0.0140	0.0088	0.0064		
M	0.0136	0.0064	0.0043	0.0030	
H	0.0126	0.0074	0.0055	0.0059	0.0043

种群间遗传分化指数（F_{st}）和基因流（N_m）结果见表 5-2，结果显示铁力与黄泥河种群间存在显著遗传分化（F_{st}=0.0653，P<0.05），而其他种群之间都达到极显著遗传分化水平（F_{st}=0.1467～0.7157，P<0.01）。总体上，铁力种群与穆棱、黄泥河种群间基因流最高，N_m分别为 2.9086 和 7.1549，而其他种群之间基因流都很低（N_m<1）。其中，双河种群与铁力、高格斯台种群间基因流相对较高（N_m>0.6），而与其他种群间较低；同样高格斯台种群与双河、铁力种群间基因流相对较高，而与其他种群间较低；铁力种群与其他种群间基因流都相对较高；穆棱与黄泥河种群间，及二者与铁力种群间基因流相对较高，与其他种群间都较低；方正种群除了与铁力种群间较高基因流外，与其他种群间都较低。分子变异分析（AMOVA）结果（表 5-3）显示，变异的 52.31%来自种群内，种群间的变异达到 47.69%，种群整体遗传分化指数 F_{st}为 0.4769，表现极显著的遗传分化（P<0.01），同样进一步支持了东北马鹿各局域种群间显著的遗传结构。

表 5-2　基于 *Cyt b* 的种群间分化的 *F*-统计量（F_{st}，下三角）**和遗传相似系数**（N_m，上三角）

种群	S	G	T	F	M	H
S		0.6855	0.7066	0.1986	0.2848	0.4054
G	0.4218**		0.8438	0.2217	0.3597	0.5422
T	0.4144**	0.3721**		0.7153	2.9086	7.1549
F	0.7157**	0.6928**	0.4114**		0.2713	0.4556
M	0.6371**	0.5816**	0.1467**	0.6483**		0.8955
H	0.5522**	0.4798**	0.0653*	0.5233**	0.3583**	

注：F_{st}的显著性检验（* 表示 P<0.05；** 表示 P<0.01）

表 5-3　基于 *Cyt b* 的东北马鹿 6 个种群分子变异分析

变异来源	自由度	离差平方和	变异成分	变异比例
种群间	5	108.41	0.7536Va	47.69%
种群内	165	136.39	0.8266Vb	52.31%
总计	170	244.80	1.5802	100%
遗传分化指数	F_{st}=0.4769，P<0.01			

为进一步分析东北马鹿各局域种群间的进化关系，分别采用邻接法、最大似然法和最大简约法构建分子系统发生树。结果显示 3 种分析方法表现的拓扑结构一致，均支持 11 个单倍型分为 3 个主要分支（图 5-1 和彩图 5-1、图 5-2 和彩图 5-2、图 5-3 和彩图 5-3）。从分支长度判断，首先是由较古老的双河地区独有单倍型 Hap11 单独分为一支。第 2 分支由双河、高格斯台和铁力地区单倍型组成，该分支内部由支持率不高的两个小分支组成，分别主要是高格斯台地区单倍型（Hap1、Hap2、Hap3）和双河地区单倍型（Hap2），双河和铁力单倍型组成。第 3 分支由高格斯台、铁力、方正、穆棱和黄泥河地区的单倍型组成，其内部也由支持率不高的两个小分支组成，分别是高格斯台、黄泥河和铁力，以及方正与铁力共享单倍型 Hap8 组成一个小分支，另一个小分支主要由铁力、方正、穆棱地区各优势单倍型，以及黄泥河与铁力、穆棱共享的单倍型 Hap6 组成。

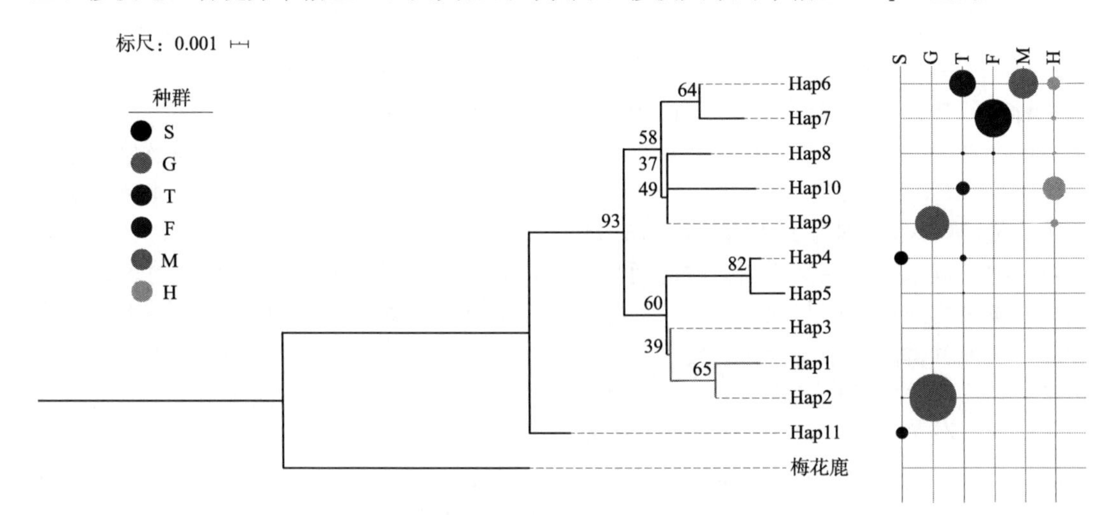

图 5-1　基于 *Cyt b* 的东北马鹿单倍型系统发生树（邻接法）

注：分支上的数字表示邻接（NJ）树的自展值，圆形面积代表单倍型频次

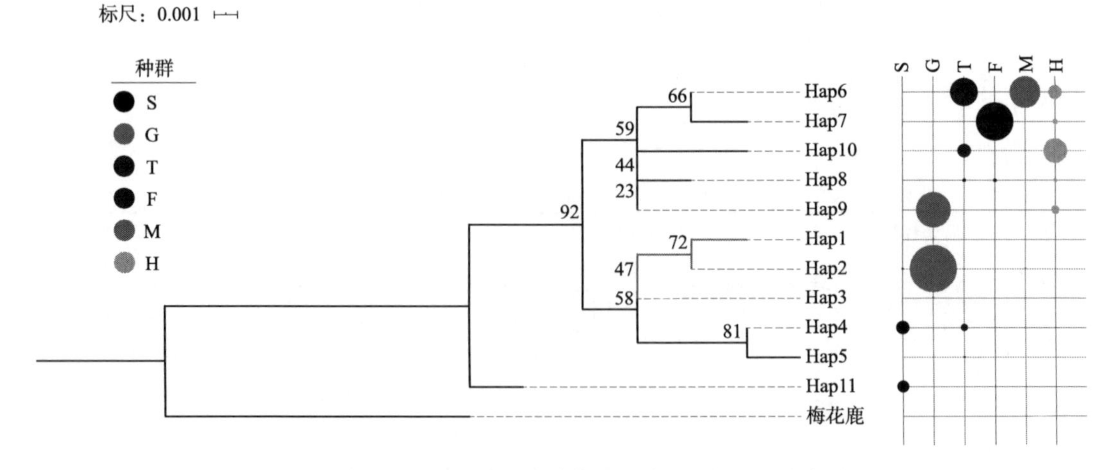

图 5-2　基于 *Cyt b* 的东北马鹿单倍型系统发生树（最大似然法）

注：分支上的数字表示最大似然（ML）树的自展值，圆形面积代表单倍型频次

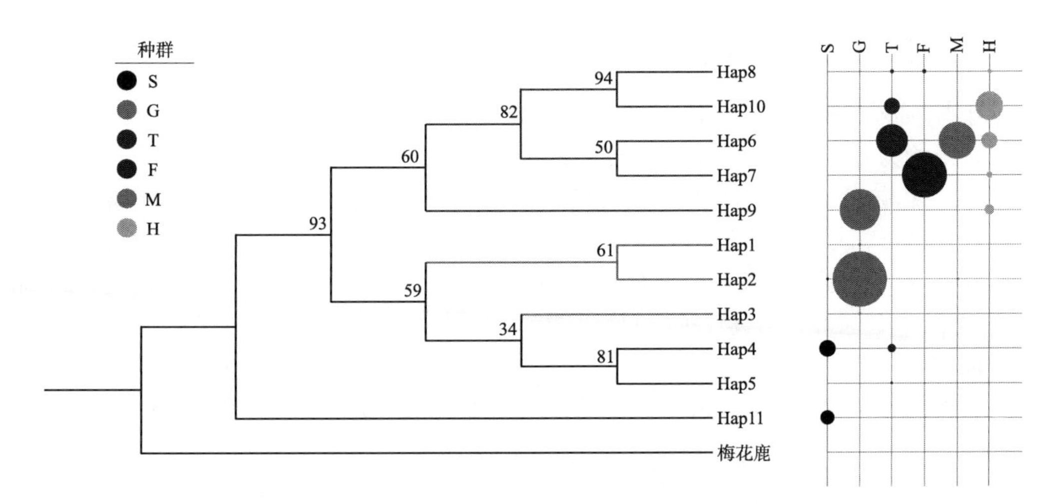

图 5-3 基于 *Cyt b* 的东北马鹿单倍型系统发生树（最大简约法）

注：分支上的数字表示最大简约（MP）树的自展值，圆形面积代表单倍型频次

单倍型网络关系图（图 5-4 和彩图 5-4）的结果，显示出与系统发生树类似的拓扑结构。其中，双河、高格斯台、铁力种群存在独有单倍型（Hap11、Hap1 和 Hap3、Hap5）；双河与铁力、高格斯台种群有共享单倍型（Hap4、Hap2）；高格斯台与黄泥河种群也存在共享单倍型（Hap9）；Hap6、Hap7、Hap8、Hap10 均为铁力、方正、穆棱和黄泥河不同种群间的共享单倍型。

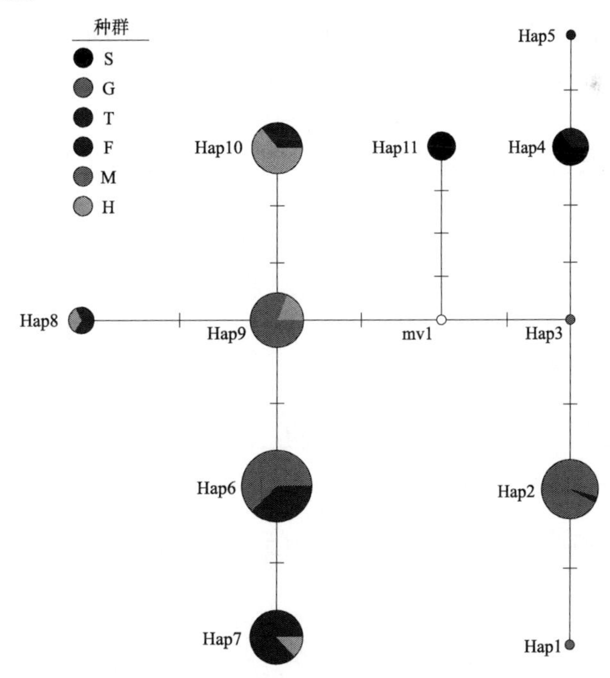

图 5-4 基于 *Cyt b* 构建的东北马鹿单倍型网络关系图

注：圆形面积代表单倍型频次，饼图代表共享单倍型，白点代表缺失的单倍型（Hap2 中被鉴定为属于穆棱种群的个体，来自一只野外死亡的马鹿肌肉样本，后经确认，这个样本很可能来自高格斯台种群，而该异常样本并未列入分析）

5.3.2 控制区序列的种群结构

基于控制区序列 22 个单倍型计算种群间遗传距离，得出遗传距离介于 0.0062～0.0361，平均为 0.0236，为 *Cyt b* 遗传距离的近 3 倍。种群间具体差异上与 *Cyt b* 的结论基本一致。总体上，同样是双河、高格斯台种群与其他种群之间的遗传距离最大（>0.02），铁力、方正、穆棱和黄泥河种群间数值较小（<0.02）。双河与穆棱种群间最大，为 0.0361；方正与穆棱种群间最小，为 0.0062。其中，双河与高格斯台、铁力种群间相对较小（<0.03），与其他种群间相对较大（>0.03）；高格斯台与双河、铁力、黄泥河种群间相对较小（<0.03），与方正、穆棱种群间相对较大（>0.03）；铁力与双河、高格斯台种群间相对较大（>0.02），与其他 3 个种群间相对较小（<0.02）（表 5-4）。

表 5-4 基于控制区序列的种群间遗传距离

种群	S	G	T	F	M
G	0.0276				
T	0.0297	0.0274			
F	0.0359	0.0324	0.0143		
M	0.0361	0.0323	0.0155	0.0062	
H	0.0318	0.0275	0.0155	0.0104	0.0113

基于控制区序列计算的种群间遗传分化指数（F_{st}）和基因流（N_m）结果见表 5-5，6 个局域种群间都表现出极显著的遗传分化水平（F_{st}=0.0837～0.7092，P<0.01）。结果也与 *Cyt b* 基本一致，总体上铁力与方正、穆棱、黄泥河种群间，以及方正与穆棱种群间基因流较高，N_m在 1.5976～5.4753 之间（0.25>F_{st}>0.05），而其他种群间基因流较低，N_m均小于 1（F_{st}> 0.25）。其中，双河与铁力、高格斯台种群间基因流相对较高（N_m>0.6），而与其他种群间较低；同样高格斯台与双河、铁力种群间基因流相对较高，而与其他种群间较低；铁力种群与其他种群间基因流都相对较高；穆棱、黄泥河、铁力种群相互间基因流都相对较高；方正与穆棱种群间最高、其次为铁力与黄泥河种群。分子变异分析结果（表 5-6）显示，变异的 46.16%来自种群内，种群间的变异达到 53.84%，种群整体遗传分化指数 F_{st}为 0.5384，表现极显著的遗传分化（P<0.001），同样进一步支持了东北马鹿各局域种群间显著的遗传结构。

表 5-5 基于控制区序列的种群间分化 *F*-统计量（F_{st}，下三角）**和遗传相似系数**（N_m，上三角）

种群	S	G	T	F	M	H
S		0.6100	0.8845	0.2050	0.2539	0.4182
G	0.4505		0.6454	0.2519	0.2890	0.3222
T	0.3611	0.4365		1.5976	1.9951	3.3510
F	0.7092	0.6650	0.2384		5.4753	0.5826
M	0.6632	0.6338	0.2004	0.0837		0.7718
H	0.5446	0.6082	0.1298	0.4619	0.3932	

注：以上所有 F_{st}的 P 值均极显著（P<0.01）

表 5-6　基于控制区序列的东北马鹿 6 个种群分子变异分析

变异来源	自由度	离差平方和	变异成分	变异比例
种群间	5	316.53	2.8794Va	53.84%
种群内	128	315.99	2.4687Vb	46.16%
总计	133	632.52	5.3481	100%
遗传分化指数	$F_{st}=0.5384$，$P<0.001$			

基于控制区序列 22 个单倍型，分别采用邻接法、最大似然法和最大简约法构建分子系统发生树，3 种分析方法均支持分为 2 个主要分支（图 5-5 和彩图 5-5、图 5-6 和彩图 5-6、图 5-7 和彩图 5-7）。邻接树指出，第 1 大分支由铁力、方正、穆棱和黄泥河地区的单倍型组成，第 2 大分支主要由双河、高格斯台、铁力和方正地区单倍型组成。其中，第 2 大分支又分化出支持率不高的几个小分支，主要为：高格斯台、铁力、黄泥河，双河、高格斯台、铁力，双河等组成的几个小分支。最大似然树中：第 1 大分支主要由铁力、方正，高格斯台，铁力、黄泥河，铁力、方正、穆棱、黄泥河地区的优势单倍型几个支持率不高的小分支组成；第 2 大分支主要由支持率不高的双河，双河、高格斯台、铁力地区单倍型组成的两个小分支构成。最大简约树中，第 1 大分支仅由高格斯台地区单倍型组成，第 2 大分支由许多支持率不高的小分支组成，其中小分支的组成特点与邻接树、最大似然树相类似。尽管 3 种进化树的形状有一些差异，但其内部的小分支特征基本与种群间遗传分化指数、基因流的结论相一致。

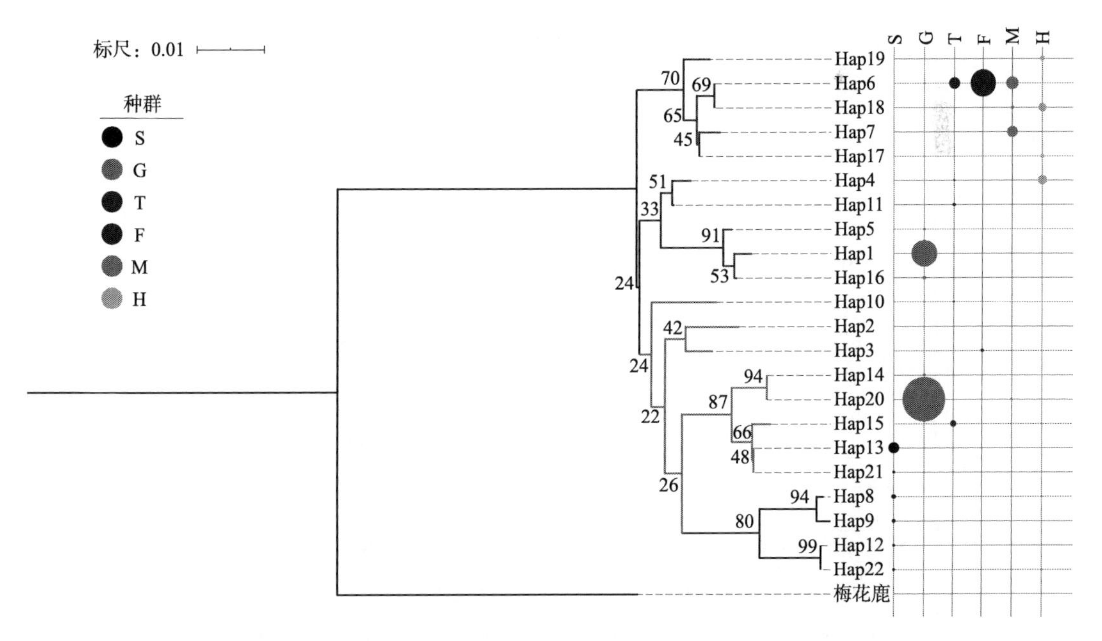

图 5-5　基于控制区序列的东北马鹿单倍型系统发生树（邻接法）

注：分支上的数字表示邻接（NJ）树的自展值，圆形面积代表单倍型频次

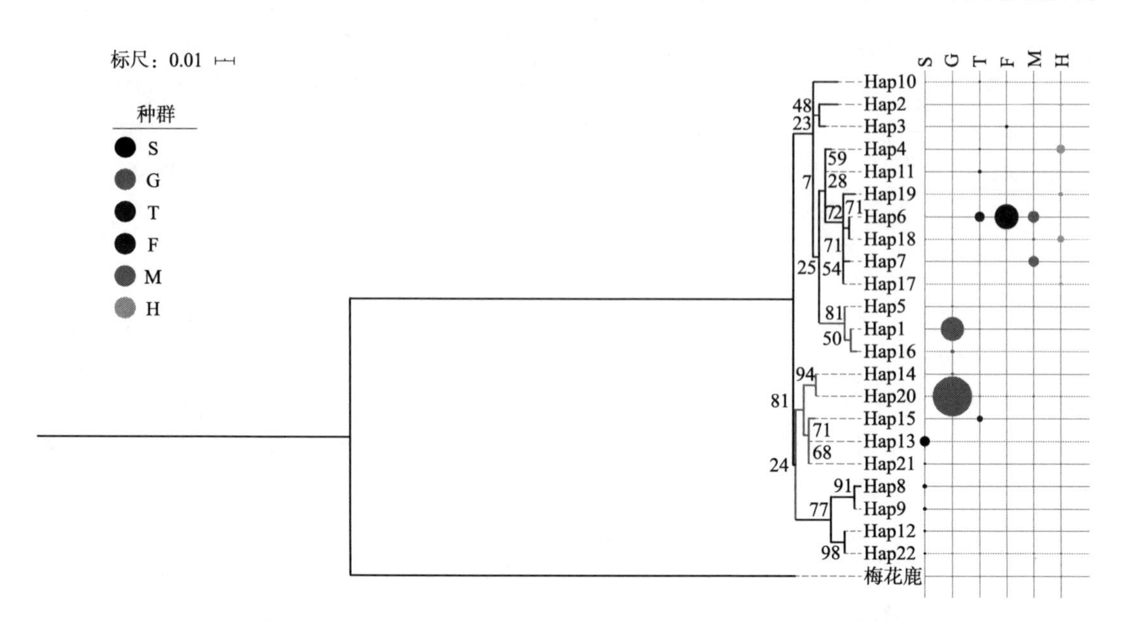

图 5-6 基于控制区序列的东北马鹿单倍型系统发生树（最大似然法）

注：分支上的数字表示最大似然（ML）树的自展值，圆形面积代表单倍型频次

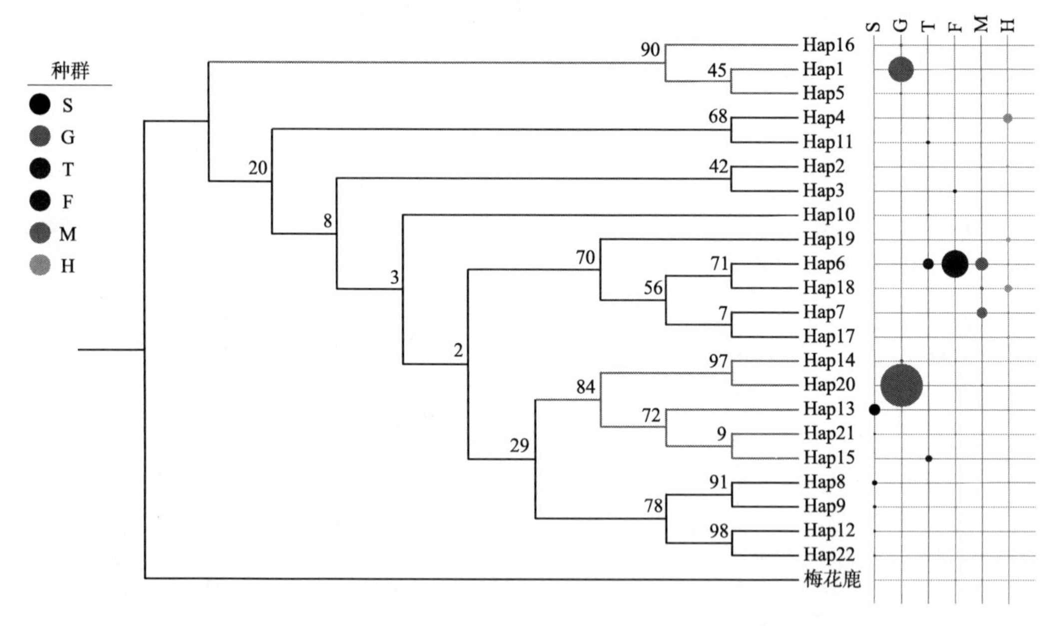

图 5-7 基于控制区序列的东北马鹿单倍型系统发生树（最大简约法）

注：分支上的数字表示最大简约（MP）树的自展值，圆形面积代表单倍型频次

单倍型网络关系图（图 5-8 和彩图 5-8）的结果，显示 6 个局域种群均有不同数量的独有单倍型，种群间共享单倍型数量较少，主要是铁力、黄泥河，穆棱、黄泥河，高格斯台、穆棱，铁力、方正、穆棱种群间。其中 22 个单倍型中，存在 11 个稀有单倍型（仅有 1 或 2 只个体）。居于网络中心位置存在较多未检出的古老单倍型，网络关系图显示出拓

扑结构与系统发生树基本相似。其中，部分双河、高格斯台、铁力种群的单倍型间存在网络进化关系，通过未检出的单倍型种群间建立一定的基因流。大部分双河种群单倍型形成独立分支；另一个大的分支主要由高格斯台、黄泥河、铁力，铁力、方正、穆棱、黄泥河，铁力、方正、黄泥河等小的进化分支组成。

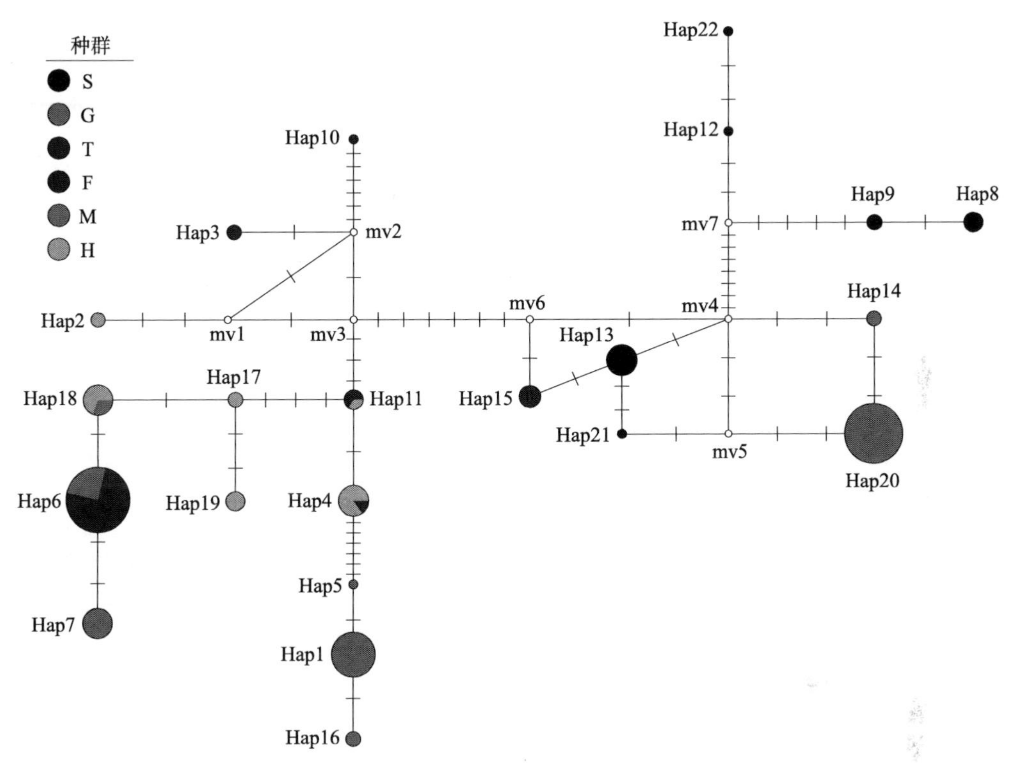

图 5-8　基于控制区序列构建的东北马鹿单倍型网络关系图

注：圆形面积代表单倍型频次，饼图代表共享单倍型，白点代表缺失的单倍型

5.3.3　微卫星标记的种群结构

基于微卫星数据的等位基因频率和个体间遗传距离计算，得到种群间遗传分化指数 F_{st} 和 Φ_{st}，都表明东北马鹿各局域种群间存在极显著的遗传分化（$P<0.001$）（表 5-7、表 5-8），整体种群也呈现极显著的遗传分化水平（$F_{st}=0.1364$ 和 $\Phi_{st}=0.227$，$P<0.001$）。各种群间的 Φ_{st} 均大于 F_{st}，说明 Φ_{st} 估测值比 F_{st} 估测值更为显著，表明更高的遗传分化水平。但是微卫星数据构建的两种遗传分化指数，基本上较 mtDNA 计算的种群间遗传分化指数 F_{st} 小，并且微卫星数据计算的种群间基因流 N_m 相比较大，除了铁力与穆棱种群间 N_m 为 0.92，其他种群间均大于 1（表 5-7）。发现，种群间遗传分化指数和基因流都没有表现出像 mtDNA 那样明显的空间距离隔离梯度特征。种群分子变异分析表明，种群内的差异占总变异的 77%，种群间的差异为总变异的 23%（表 5-9）。

表 5-7 基于微卫星数据的种群间 F_{st}（下三角）和 N_m（上三角）

种群	S	G	T	F	M	H
S		1.68	1.23	1.92	2.1	1.38
G	0.1293		1.55	1.88	1.24	2.01
T	0.1685	0.1392		1.51	0.92	1.67
F	0.1153	0.1175	0.1421		1.76	2.06
M	0.1063	0.1677	0.2144	0.1243		1.41
H	0.1530	0.1109	0.1300	0.1083	0.1507	

注：以上所有 F_{st}的 P 值均显著（$P<0.001$）

表 5-8 基于微卫星数据的种群间遗传分化指数 Φ_{st}

种群	S	G	T	F	M
G	0.233				
T	0.262	0.221			
F	0.197	0.204	0.219		
M	0.201	0.285	0.327	0.212	
H	0.254	0.189	0.199	0.181	0.256

注：以上所有 Φ_{st}的 P 值均显著（$P<0.001$）

表 5-9 基于微卫星数据 6 个种群的分子变异分析

变异来源	自由度	离差平方和	变异成分	变异比例
种群间	5	295.78	1.89	23%
种群内	166	1 070.50	6.45	77%
总计	171	1 366.28	8.34	100%

应用 Structure 软件分析东北马鹿种群可能存在的亚种群遗传结构，根据 Ln Pr（X | K）和 ΔK 最大原则判断，结果显示 $K=6$ 时，Ln Pr（X | K）具有最大的平均值，并且在 $K=6$ 时每次重复的 Ln Pr（X | K）值在非常小的范围内波动，而其他 K 值进行 20 次重复模拟时 Ln Pr（X | K）值的波动较大，这也说明在 $K=6$ 时模拟的稳定性。同时发现当 $K=6$ 时，ΔK 也达到顶点最大值，但在 $K=3$ 时 ΔK 出现一个次顶点（图 5-9）。对 $K=3$ 和 $K=6$ 时的每个个体进行分组分析，其 172 只个体的分组结果见图 5-10。结合此多位点基因型分配方法鉴定的个体分组情况，认为东北马鹿 6 个局域种群间存在显著的遗传分化。高格斯台种群与其他种群的遗传分化程度最为明显，其他种群间的基因交流和遗传相似度相比较高一些，特别是穆棱与黄泥河种群间遗传相似度相对最高。其中，铁力种群起到重要种群交流的纽带作用，特别是与双河、高格斯台、方正和黄泥河种群之间。相比之下，对于双河种群，与高格斯台、铁力种群间交流相对较高；对于高格斯台种群，与黄泥河种群间交流相对较高（图 5-10 和彩图 5-10）。

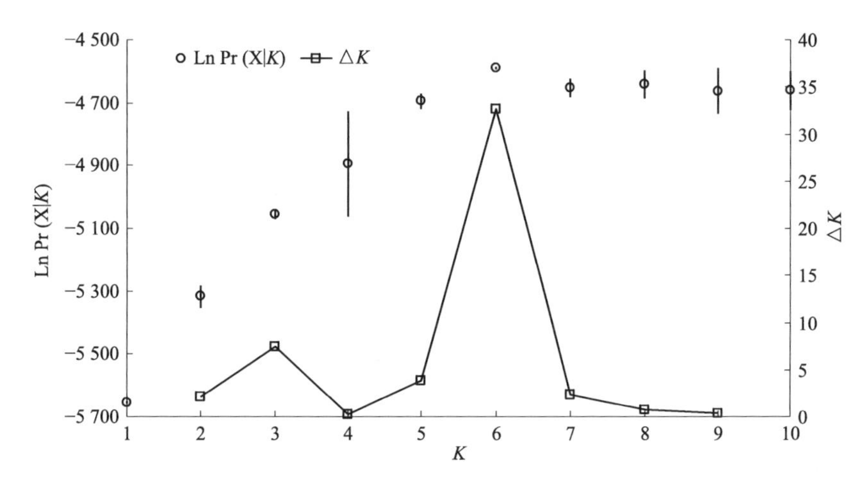

图 5-9　基于微卫星数据 Structure 聚类结果的 Ln Pr（X｜K）和 ΔK 变化趋势图

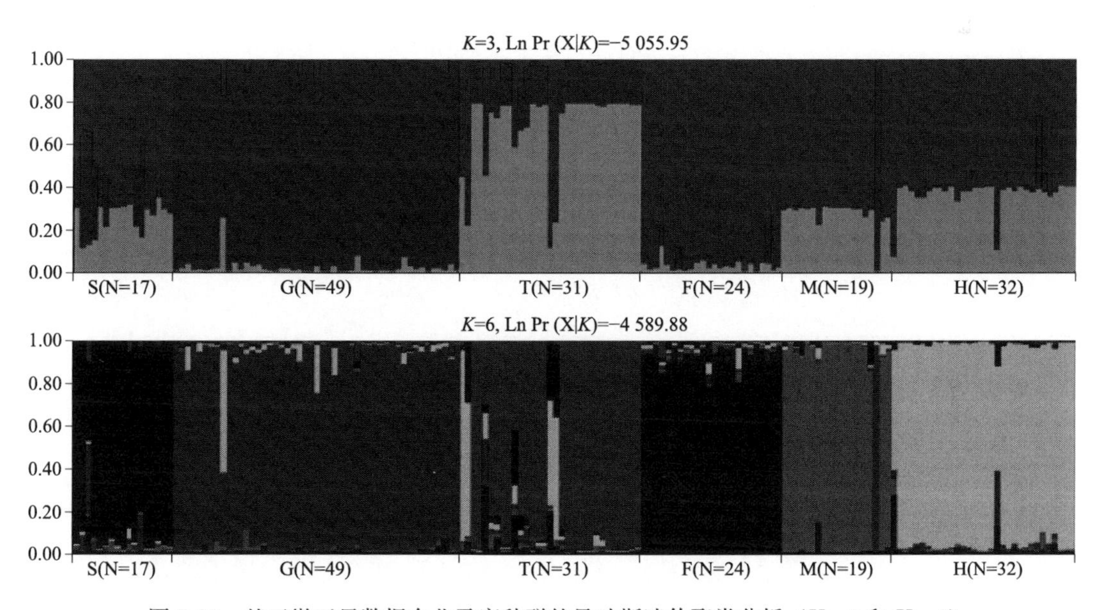

图 5-10　基于微卫星数据东北马鹿种群的贝叶斯遗传聚类分析（$K=3$ 和 $K=6$）

注：每个个体（N=172）用一个带有颜色的竖条表示，竖条上不同颜色的比例表明个体分配到各个种群的概率；图底部的字母和数字分别代表取样区和个体数量

基于个体空间依赖性模拟的 TESS 分析显示，当设置 K 从 2 到 10 各进行 100 次模拟时，当 $K=6$ 时 DIC 平均值最小（图 5-11）。同时对每个 K 重复了 100 次计算得到的组间 DIC 值进行统计分析，Kruskal-Wallis 检验结果显示，当 $K=6$ 和 $K=7$ 时两者 DIC 值之间差异刚刚不显著（$P>0.05$）（表 5-10），因此认为分组值选 6 最为合适。$K=6$ 时各种群个体分配见图 5-12 和彩图 5-12，由图可以清晰地看出，6 个局域种群呈现明显的不同聚集。因此，基于个体空间地理位置信息的贝叶斯聚类分析，也检测出与 Structure 非空间依赖性模拟的一致结果，认为东北马鹿种群存在与各局域种群相对应的 6 个显著亚种群结构。

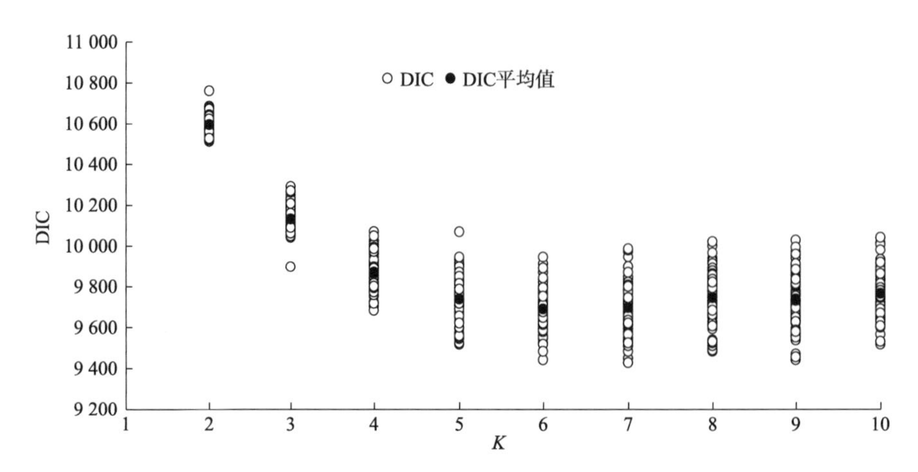

图 5-11　基于微卫星数据 TESS 聚类结果的 DIC 变化趋势图

表 5-10　组间 DIC 值的 Kruskal-Wallis 检验（K=2～10）

分组值（K）	2	3	4	5	6	7	8	9	10
2		0	0	0	0	0	0	0	0
3	47.22		0	0	0	0	0	0	0
4	73.79	26.57		0	0	0	0	0	1.34e-12
5	87.44	40.22	13.65		0.0236	0.0945	0.9997	1	0.5462
6	92.18	44.96	18.39	4.74		**0.9999**	0.0029	0.0083	4.03e-06
7	91.52	44.30	17.72	4.08	0.66		0.0162	0.0396	4.44e-05
8	86.62	39.40	12.82	0.82	5.56	4.90		1	0.8924
9	87.01	39.79	13.21	0.43	5.17	4.51	0.39		0.7521
10	84.62	37.40	10.82	2.82	7.56	6.90	2.00	2.39	

注：Tukey's Q 值位于下三角，P 值位于上三角

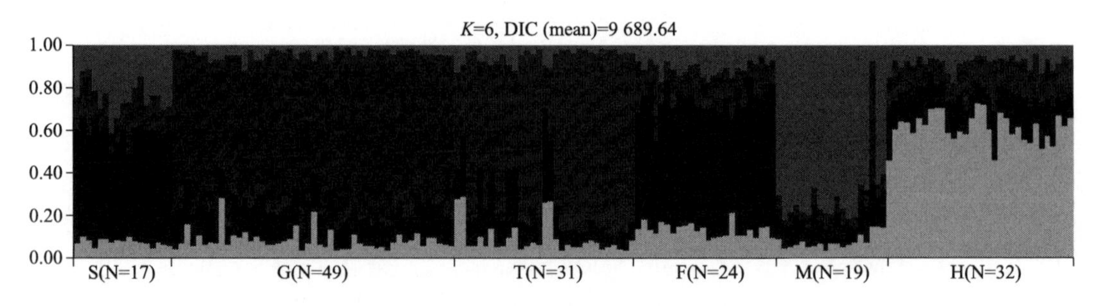

图 5-12　基于 TESS 东北马鹿种群的遗传基因簇（K=6）

注：每个个体（N=172）用一个带有颜色的竖条表示，竖条上不同颜色的比例表明个体分配到各个种群的概率；图底部的字母和数字分别代表取样区和个体数量

5.4　讨论

5.4.1　东北马鹿的种群遗传分化

人类活动的干扰、生境的丧失及破碎化、空间隔离度的增加，同时导致了种群遗传多样性水平的降低和遗传分化的增加，当种群被孤立到不同的区域，基因交流受阻，种群遗传连通性的降低会导致种群极易灭绝。在濒危物种的遗传学管理中，促进破碎化种群间的基因交流，意味着濒危小种群将不再被孤立，种群恢复将有望得到实现，因此破碎化种群遗传结构的检测与分析是制定有效管理措施以拯救濒危物种的基础。我们基于 mtDNA 和微卫星标记均检测出东北马鹿种群显著的遗传结构，6 个局域种群间均存在显著或极显著的遗传分化。其中，F_{st}值是检验种群间遗传分化程度的重要指标，当 $0<F_{st}<0.05$ 时，一般认为表示遗传分化较弱；当 $0.05<F_{st}<0.25$ 时，表示中等程度的遗传分化；而 $F_{st}>0.25$ 则代表高水平的遗传分化程度。按此标准，东北马鹿各局域种群间均呈现中等或高水平的遗传分化。与基于微卫星数据的等位基因频率和遗传距离计算出的种群间两种遗传分化指数相比，mtDNA 构建的 F_{st}值基本上都较大，这也暗示东北马鹿呈现雌性留居扩散模式，导致母系遗传的 mtDNA 分子标记表现出更加显著的遗传结构。相比，微卫星数据计算的种群间基因流 N_m均较大，种群间遗传分化指数和基因流都没有表现出像 mtDNA 那样明显的地理距离隔离梯度特征，也进一步支持了上述结论的解释。本章所做研究中需要强调的是，穆棱样本中 *Cyt b* 和控制区序列分别检测到的单倍型 Hap2 和 Hap20 均来自同一样本，与高格斯台地区为共享单倍型，归属系统发生树和单倍型网络关系中的高格斯台类群，同时在微卫星遗传聚类分析中该个体基因型也应归属于高格斯台类群，认为该穆棱个体样本很可能为高格斯台种群的个体，为实验样本标记错误疏忽所致。

基于 mtDNA 和微卫星结果的综合分析，双河、高格斯台种群与其他种群之间遗传分化程度最高且基因交流水平最低，可能与两个种群分别地处最北和最南端，与其他种群之间的地理距离较远、距离隔离较大有关。其中，对于双河种群，与其地理距离相对较近的铁力种群间，以及同属大兴安岭山系但地理距离较远的高格斯台种群间基因交流相对频繁。对于高格斯台种群，与黄泥河、双河、铁力种群间交流相对较大，特别是与地理距离相对最近的黄泥河种群之间。相比之下，同属长白山脉，地理距离相对较近的方正、穆棱、黄泥河种群之间基因交流较为频繁，特别是穆棱与黄泥河种群间遗传相似度相对最高。而地处研究区域相对中部的小兴安岭山系的铁力种群与其他种群间基因流都相对较高。值得注意的是，铁力种群起到了种群间交流的重要纽带作用，承载北部和南部区域种群之间重要的交流角色，因此铁力种群以及小兴安岭南部种群对东北马鹿的种群恢复有着极为关键的作用，未来保护工作应给予重点关注。基于上述种群间的遗传关系，以及微卫星数据检测的种群间 F_{st}和 N_m结果呈现的不显著的距离隔离梯度特征，认为东北马鹿种群的遗传分化可能受到地理隔离和环境隔离的双重影响。

5.4.2　东北马鹿的进化显著单元和管理单元

对于濒危物种的保护，为了便于管理部门和人员进行科学的层次管理，经常需要确定进化显著单元（evolutionarily significant units，ESU）和管理单元（management units，MU）。1986年，Ryder首次提出“进化显著单元”的概念，用以代表根据不同技术所确定的具有明显适应性变异的一组群体，该群体在进化上具有独特性，因此需要予以优先保护。但是这一定义存在极大的不可操作性，于是在较长时期内诸多学者对其予以修改和补充。最终Fraser和Bernatchez（2001）在综合不同ESU概念的基础上，提出了更为统一的定义：在等位基因频率上表现出显著的遗传分化，同时在进化谱系上形成单系的类群。但是有的物种两个类群间虽然等位基因频率已有显著分化，但在进化谱系上并不互为单系群。因此，Moritz（1994）的研究中提出了“管理单元”的概念来解决在保护中遇到的这类问题。MU是一个比ESU更小的保护单元，它的含义是：不管两个类群的核或线粒体等位基因有没有发生系统分化，只要它们的等位基因频率已有显著分化，则认为这两个类群分属于不同的MU。因此，进化显著单元（ESU）和管理单元（MU）的确定，可以为管理者在物种水平的不同层次下进一步细化物种的保护工作。基于mtDNA和微卫星3种分子标记的分析结果都一致表明，东北马鹿6个局域种群间发生了显著的遗传分化。双河、高格斯台种群与其他种群之间遗传分化程度最高，但mtDNA的系统发生树没有检测到二者属于不同的单系类群，而是通过彼此之间以及分别与铁力和黄泥河种群间，与其他种群建立一定的基因流。因此，本文将东北马鹿种群定义为一个进化显著单元，6个局域种群分别为不同的管理单元。

5.5 本章小结

（1）东北马鹿6个局域种群间呈现显著的遗传分化，均达到中等或高水平的遗传分化程度，其中双河、高格斯台种群与其他种群之间遗传分化程度最高。种群间的遗传分化可能受到距离隔离（isolation by distance，IBD）和环境隔离（isolation by environment，IBE）的双重影响。

（2）双河、高格斯台种群通过彼此之间，以及分别和铁力、黄泥河种群间的联系，与其他种群建立一定的基因流。其中，铁力种群起到各局域种群间基因交流的重要纽带作用，该种群在未来保护中应给予重点关注。

（3）基于保护遗传学原理，建议将东北马鹿种群定义为一个进化显著单元（ESU），6个局域种群分别为不同的管理单元（MU）。

6 景观特征对东北马鹿种群基因流的影响

6.1 引言

物种的有效扩散（基因流）是影响种群遗传结构的重要进化过程。然而，种群间的基因流是一个复杂的过程，其受到如物种扩散能力和繁殖方式等许多内因的影响，也会受到如景观特征或其他环境因子等外因的影响。景观特征可通过影响物种的扩散，最终影响种群的遗传结构。当前，伴随景观生态学与种群遗传学结合产生的新学科——景观遗传学的出现，使定量化评价景观特征对种群遗传结构的影响有了成功的可能。特别是地理信息系统（geographical information system，GIS）与空间统计学在景观遗传学研究中的应用，为可视化和定量化评价景观特征对种群结构的影响提供了有效的分析工具。随着景观遗传学的不断发展，特别是国外对有蹄类动物进行了诸多研究，为物种的科学保护和有效管理提供了许多重要的参考信息。在国内，基于景观遗传学技术也开展了对大熊猫（*Ailuropoda melanoleuca*）、驼鹿和阿拉善马鹿等濒危物种的深入研究。

马鹿是具有较强移动能力的大型有蹄类动物，不仅能够远距离扩散，还可以穿越多种地形，包括游过较大的水域。然而，某些地形的穿越成本很可能比其他地形要高，于是个体不可能总是达到最大的扩散距离，因此很多地理区域之间可能会出现较低的扩散率。记录到苏格兰地区一些个体的远距离扩散可以超过 50km，但是整体平均扩散距离一般较小，雄性为 3.3～7.4km，雌性为 1.9～3.5km。近代以来，东北地区人口数量剧增、毁林开荒、基础设施建设等因素，使景观结构发生了显著的变化，加之人类的捕杀与生境的破碎化，东北马鹿种群受到了严重威胁。基于前文的分析，东北马鹿种群间呈现显著的遗传分化，这种亚结构分化可能受距离隔离（IBD）和环境隔离（IBE）的双重影响。因此，本章基于景观遗传学评价方法，回答 IBD 和 IBE 模式在东北马鹿种群遗传分化格局中的作用，并判定哪种景观特征变量是影响马鹿种群基因流动的主因素。

6.2 研究方法

6.2.1 距离隔离分析

对于在不同地方收集到同一个个体的 GPS 坐标数据，利用 ArcGIS 10.3 的两个拓展工具包 XTools Pro 和 Center of Mass 来生产该个体的多边形活动区和活动中心点，再根据个体活动中心点获取每个种群的多边形区域和区域中心点，最后根据种群区域中心点两两计算每个种群间的欧式距离（直线距离）。基于前文中 mtDNA 和微卫星的遗传分化指数（F_{st}），使用 F_{st}/（$1-F_{st}$）进行转换作为遗传距离，种群间地理距离进行以自然对数 e

为底的 Ln 变换作为种群间的空间距离，最后利用 GenAlEx 6.0 软件中的 Mantel 检验选项来统计分析种群间遗传距离与空间距离的相关性系数及显著性，即是否符合距离隔离（IBD）模型，通过 10 000 次置换（permutations）得到 P 值。如果有显著的正相关系数，说明存在显著的遗传距离随地理距离的增大而增大的线性关系，即种群间个体分布呈显著的 IBD 分布。

6.2.2 环境隔离分析

最小成本路径距离（least cost path distance）更能反映马鹿个体真实的活动与扩散路径，是具有生物学意义的地理距离。在 IBD 模型的前提下，如果基于欧式距离的检验不显著，而基于最小成本路径距离的检验是显著的，那么更能够说明景观特征影响了马鹿个体的活动与扩散，即符合环境隔离（IBE）模型。本章以居民点、森林、农田、草地、河流、坡度、道路（铁路、高速公路、国道、省道和县道）等 11 个景观特征评价对东北马鹿种群基因流的影响，由于进行研究时研究区域内没有已通车的高铁，故高铁未作为景观特征加以考虑。数字高程数据（DEM）和植被类型数据均来源于中国科学院地理空间数据云，居民点、河流和道路数据则来自国家地理信息中心的 1∶250 000 的基础地理信息数据。坡度由 30m DEM 数据计算得到（0°～90°），将研究区域植被类型分为森林、农田和草地等 3 类，所有矢量数据统一为 300m×300m 的栅格数据。

如果景观特征被认为可促进基因流或阻碍基因流，含有此景观特征的栅格成本值被赋予<1 或>1 的数值，其他栅格被分配为成本值为 1。因为坡度为连续变量，不是一个简单的特征变量，成本值被计算为 1＋坡度值（0°～90°），所以穿越坡度表面的每米成本为 1（平面）至 91（垂直面）。利用 ArcGIS 10.3 中 Spatial Analyst 工具的 CostDistance 功能计算每个种群中心点与其他种群所有中心点之间的最小成本路径距离，我们确定了 17 个栅格成本值范围：0.0001、0.0003、0.001、0.003、0.01、0.03、0.1、0.3、3、10、30、100、300、1 000、3 000、10 000 和 30 000，构建每个景观特征的最小成本距离矩阵。

为了使某一成本值能更好地描述各景观特征对马鹿基因流的影响，在种群间两两 F_{st} 矩阵和每个由 17 个任意成本值构建的不同最小成本距离矩阵变换后，在 GenAlEx 6.0 软件中进行遗传距离与最小成本距离之间的回归分析和 Mantel 检验，通过 10 000 次 Permutations 得到 P 值。对于 11 个景观特征中的每一个，获得了 17 个 r^2 值，这些 r^2 值代表通过 17 个景观特征成本函数说明的遗传分化矩阵变化。根据选择的成本值（17 个预定义之中）获得最高 r^2 值，并认为这个成本值是研究区域内遗传分化与景观特征之间的最大相关。

6.3 研究结果

6.3.1 种群结构的距离隔离

基于 ArcGIS 软件的计算，6 个局域种群间的欧式距离为 159.9～1 068.2km，平均为 614.3km，其中双河与穆棱种群间距离最大，穆棱与黄泥河种群间距离最小。基于微卫星数据 F_{st} 经转换得到的种群间遗传距离在 0.1190～0.2728 之间，其中穆棱与铁力种群间的遗传距离最大，而穆棱与双河种群间最小（表 6-1）。微卫星数据的 Mantel 检验显示，种群间遗传距离与欧式距离间无显著的相关性（图 6-1，$r=-0.078$，$P=0.412>0.05$），未呈现距离隔离模式。而基于 mtDNA 控制区数据的 Mantel 检验显示，种群间遗传距离与欧式距离间呈现显著的正相关（图 6-2，$r=0.673$，$P=0.026<0.05$），mtDNA 表现出显著的距离隔离模式，距离解释了 45.29%的遗传分化。

表 6-1　东北马鹿种群间的遗传距离和地理距离

种群	S	G	T	F	M	H
S		983.4	684.9	880.6	1068.2	1030.2
G	0.1485		723.3	788.0	847.9	691.9
T	0.2027	0.1617		198.7	384.0	361.0
F	0.1303	0.1332	0.1657		188.4	217.5
M	0.1190	0.2015	0.2728	0.1420		159.9
H	0.1806	0.1247	0.1494	0.1215	0.1774	

注：遗传距离以种群间的 $F_{st}/(1-F_{st})$ 表示（下三角），地理距离以 km 表示（上三角）

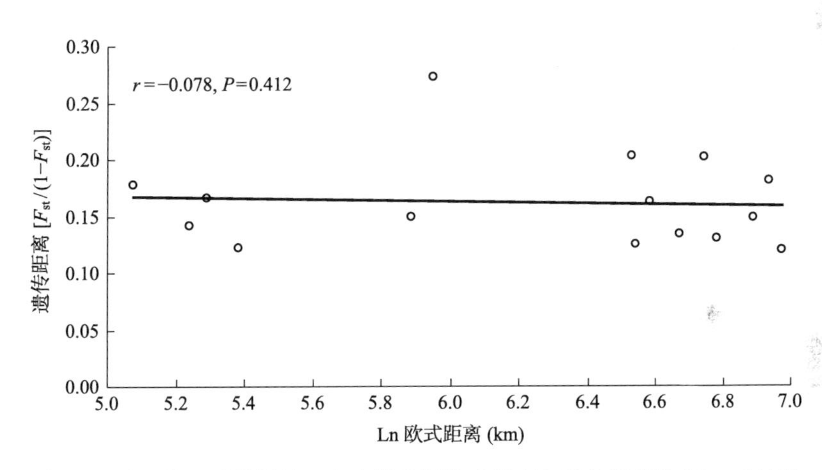

图 6-1　基于微卫星数据的 6 个取样地间欧式距离与遗传距离的 Mantel 检验

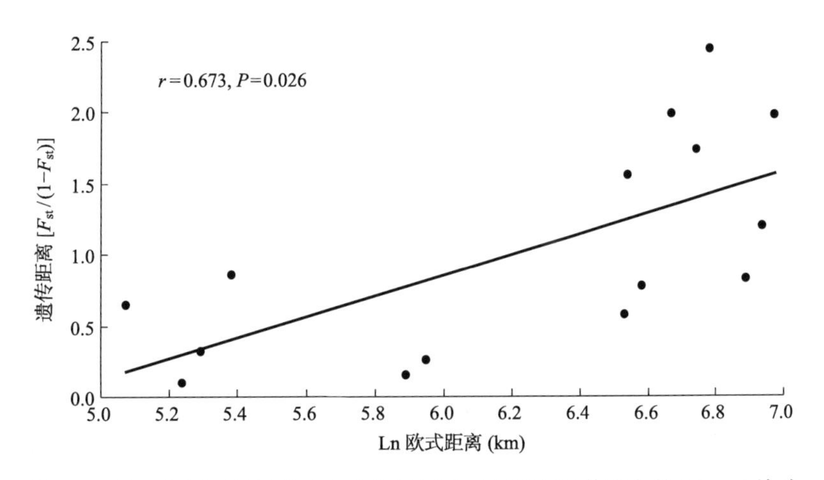

图 6-2　基于控制区数据的 6 个取样地间欧式距离与遗传距离的 Mantel 检验

考虑到大兴安岭地区的双河、高格斯台种群与其他种群间地理距离较远（684.9～1 068.2km），因此对地理距离较近的4个局域种群（159.9～384.0km），铁力、方正、穆棱和黄泥河种群间进行了进一步分析。Mantel检验显示，微卫星和控制区数据的种群间遗传距离与欧式距离间均未表现出显著的正相关（微卫星数据见图6-3，$r=0.512$，$P=0.218>0.05$；控制区数据见图6-4，$r=-0.416$，$P=0.283>0.05$）。结果表明，小兴安岭和长白山脉的4个局域种群间显著的遗传分化可能主要受到环境隔离（IBE）的影响。也因此进一步的IBE模式评价，采用更适合于揭示近期历史事件引起的遗传变异信息的微卫星数据，对地理距离较近的铁力、方正、穆棱和黄泥河种群间遗传分化进行评价。

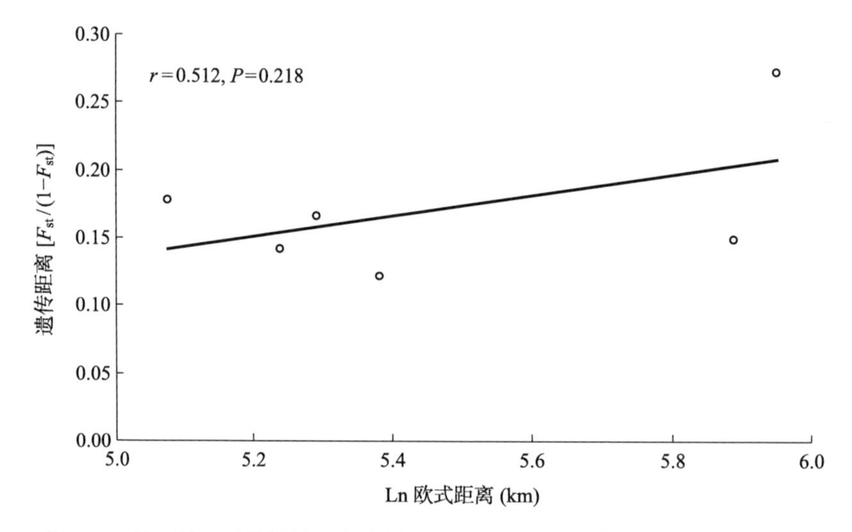

图6-3 基于微卫星数据的4个取样地间欧式距离与遗传距离的Mantel检验

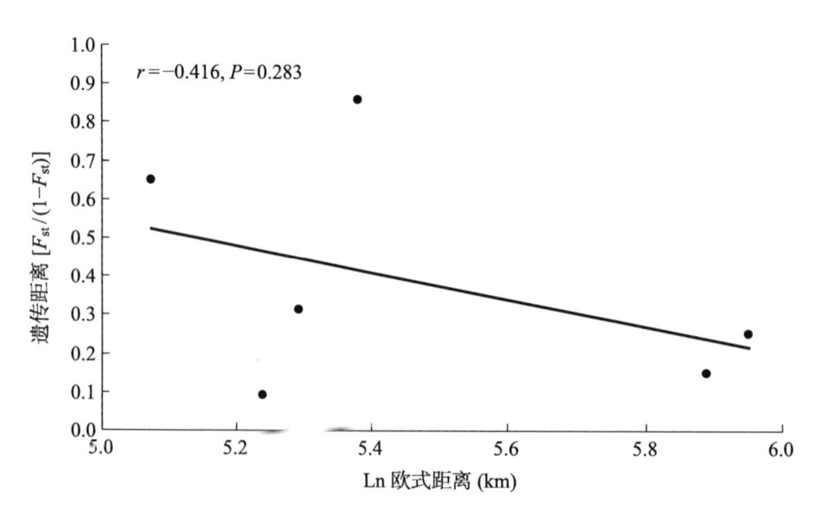

图6-4 基于控制区数据的4个取样地间欧式距离与遗传距离的Mantel检验

6.3.2 种群结构的景观特征影响

基于 ArcGIS 空间分析模块中重分类、栅格计算、成本距离、成本路径、栅格折线转换等工具对 11 个景观特征（居民点、森林、农田、草地、河流、坡度、铁路、高速公路、国道、省道和县道）赋予 17 组不同栅格成本值，分别构建了 4 个局域种群间最小成本路径距离，部分结果见图 6-5 和彩图 6-5。在不同栅格成本值下构建的每一个景观特征最小成本距离矩阵与遗传距离之间进行回归的 Mantel 检验，结果见表 6-2。通过选择获得最高 r^2 值的栅格成本值，评价了景观特征对马鹿种群遗传分化的影响。相比景观特征的影响，欧式距离的隔离模式解释了 26.19%的遗传分化。其中，居民点、农田、草地、坡度、铁路、高速公路、国道、省道和县道被确认为基因流屏障，景观特征的“最佳”成本值分别为 3～30 000、100、3～30 000、30 000、1 000～30 000、3 000～30 000、3 000～30 000、3 000～30 000 和 300～30 000。森林和河流被确认为可以促进马鹿基因流的景观特征，“最佳”成本值分别为 0.1 和 0.3。

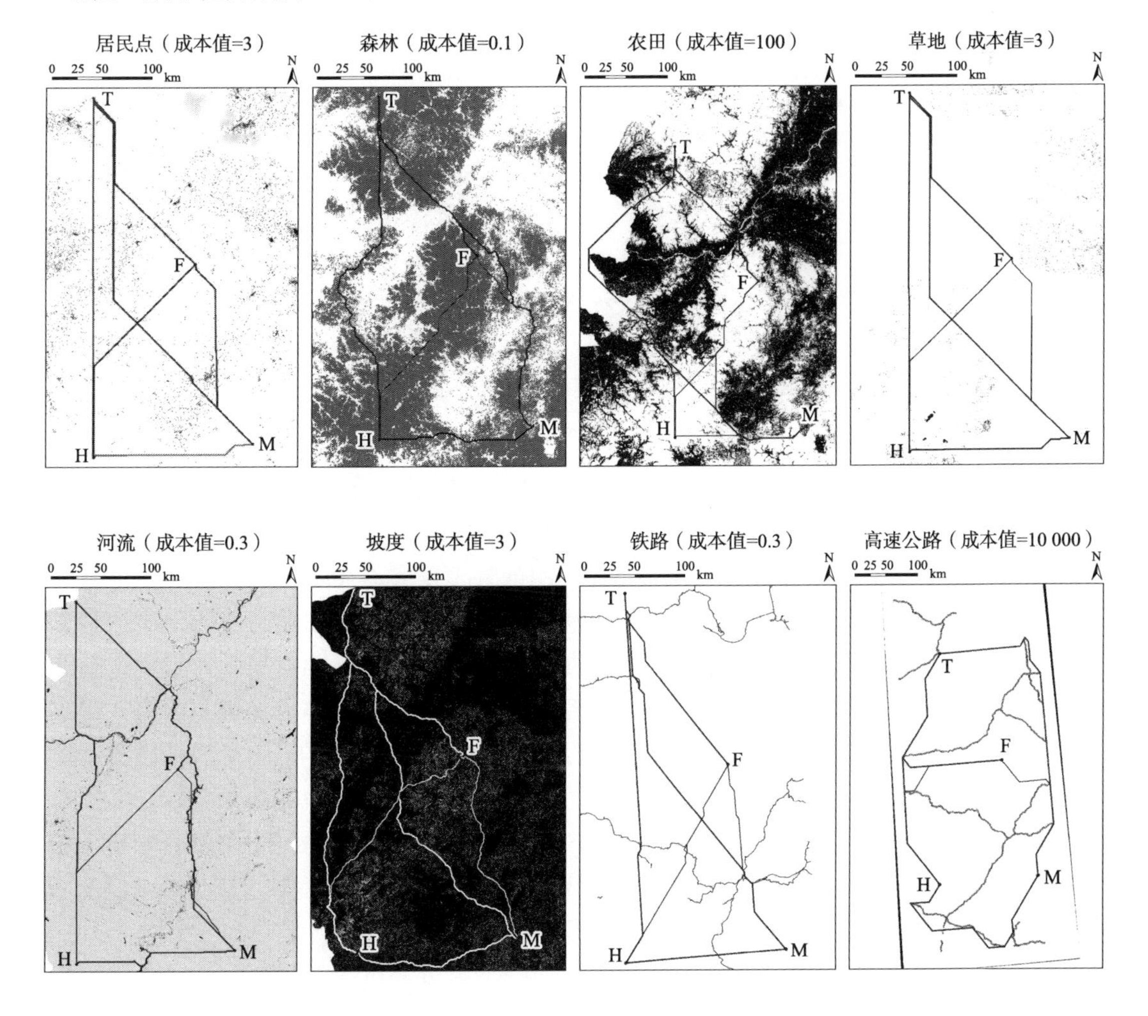

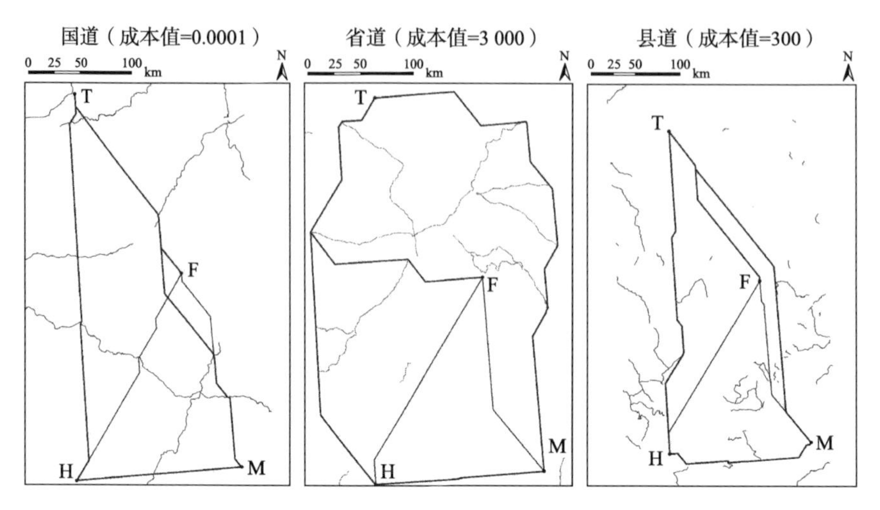

图 6-5 基于景观特征的栅格成本值评定的最小成本路径图

Mantel 检验显示，只有高速公路“最佳”栅格成本值下的 r^2 值明显偏离零，达到显著水平（P＝0.042＜0.05）。在作为基因流屏障的景观特征中，高速公路解释了最大程度的遗传分化（60.97％），其次是国道（35.41％）、铁路（33.16％）、省道（32.59％）和县道（30.12％），而农田（28.72％）、草地（28.57％）、居民点（28.44％）和坡度（28.06％）仅略高于欧式距离（26.19％）解释的遗传分化。在促进马鹿基因流的景观特征中，河流解释了最大程度的遗传分化（34.41％），而森林（25.79％）与欧式距离解释的遗传分化相近。

基于 r^2 值的变化趋势（表 6-2，图 6-6），以及某景观特征下促进基因流（成本值＜1）与阻碍基因流（成本值＞1）之间 r^2 值的独立样本 t 检验或非参数 K-S 检验，进一步评价景观特征对马鹿遗传分化的影响。结果显示，在作为基因流屏障的景观特征中，居民点和草地的 r^2 值组间变化较小，农田和坡度变化较大，但都呈现极显著的差异水平（P＜0.01）；铁路、高速公路、国道、省道和县道的组间 r^2 值差异不显著（P＞0.05），但其最后几组较大的 r^2 值与其他组间均达到极显著差异（P＜0.01），特别是高速公路的 r^2 值变化极大。在促进马鹿基因流的景观特征中，森林的组间 r^2 值差异相对较大，呈现极显著水平（P＜0.01）；河流在成本值为 0.3 时呈现最大的 r^2 值，但整体上促进基因流（成本值＜1）的 r^2 值明显低于阻碍基因流（成本值＞1）的 r^2 值（P＜0.01），呈现基因流屏障作用。

综上结果认为，高速公路为东北马鹿种群基因流的最大屏障，国道、铁路、省道、县道、农田、草地、居民点和坡度也对基因流产生一定的阻碍作用；森林可以促进马鹿的基因流，较小河流可促进基因流，但宽大的河流却对基因流产生阻碍。

表 6-2 基于 4 个东北马鹿种群的遗传距离与景观特征不同栅格成本值评定的最小成本距离回归的 r^2 值

景观特征	成本值																
	0.0001	0.0003	0.001	0.003	0.01	0.03	0.1	0.3	3	10	30	100	300	1 000	3 000	10 000	30 000
居民点	0.2569	0.2567	0.2575	0.2568	0.2571	0.2563	0.2539	0.2826	**0.2844**	**0.2844**	**0.2844**	**0.2844**	**0.2844**	**0.2844**	**0.2844**	**0.2844**	**0.2844**
森林	0.2458	0.2470	0.2463	0.2468	0.2469	0.2468	**0.2579**	0.2397	0.1494	0.1479	0.2241	0.203	0.2009	0.2008	0.2008	0.2008	0.2008
农田	0.0718	0.0718	0.0717	0.0719	0.0707	0.1077	0.1121	0.1309	0.2434	0.2195	0.1888	0.2872	0.2490	0.2237	0.2237	0.2237	0.2237
草地	0.2702	0.2713	0.2713	0.2713	0.2712	0.2715	0.2688	0.2821	**0.2857**	**0.2857**	**0.2857**	**0.2857**	**0.2857**	**0.2857**	**0.2857**	**0.2857**	**0.2857**
河流	0.0975	0.0975	0.0975	0.0975	0.0975	0.0963	0.0964	**0.3441**	0.2842	0.2917	0.2888	0.2888	0.2949	0.2808	0.2808	0.2808	0.2808
坡度	0.0749	0.0749	0.0747	0.0747	0.0572	0.0570	0.1100	0.1336	0.2186	0.2623	0.2750	0.2715	0.2798	0.2798	0.2795	0.2800	**0.2806**
铁路	0.2714	0.2714	0.2714	0.2714	0.2714	0.2705	0.2706	0.2749	0.2699	0.2699	0.2699	0.2699	0.2699	**0.3316**	**0.3316**	**0.3316**	**0.3316**
高速公路	0.2866	0.2866	0.2866	0.2866	0.2866	0.2697	0.2697	0.2703	0.2716	0.2716	0.2716	0.2714	0.2295	0.2300	**0.6097***	**0.6097***	**0.6097***
国道	0.2718	0.2718	0.2714	0.2718	0.2718	0.2722	0.2714	0.2718	0.2717	0.2718	0.2718	0.2718	0.2506	0.2675	**0.3541**	**0.3541**	**0.3541**
省道	0.2708	0.2711	0.2701	0.2701	0.2704	0.2708	0.2703	0.2721	0.2719	0.2719	0.2720	0.2720	0.2445	0.2147	**0.3259**	**0.3259**	**0.3259**
县道	0.2669	0.2671	0.2671	0.2671	0.2671	0.2711	0.2719	0.2740	0.2714	0.2714	0.2714	0.2663	**0.3012**	**0.3012**	**0.3012**	**0.3012**	**0.3012**

注：每个景观特征选择的“最佳”栅格成本值以加粗表示。对于被选择栅格成本值大于 1 的景观特征被认为对马鹿基因流存在阻碍作用，对于被选择栅格成本值小于 1 的景观特征被认为对马鹿基因流存在促进作用。遗传距离与欧式距离（栅格成本值=1）之间回归 r^2=0.2619（P>0.05）。* 表示 Mantel 检验的 r^2 值显著偏离零（P<0.05）

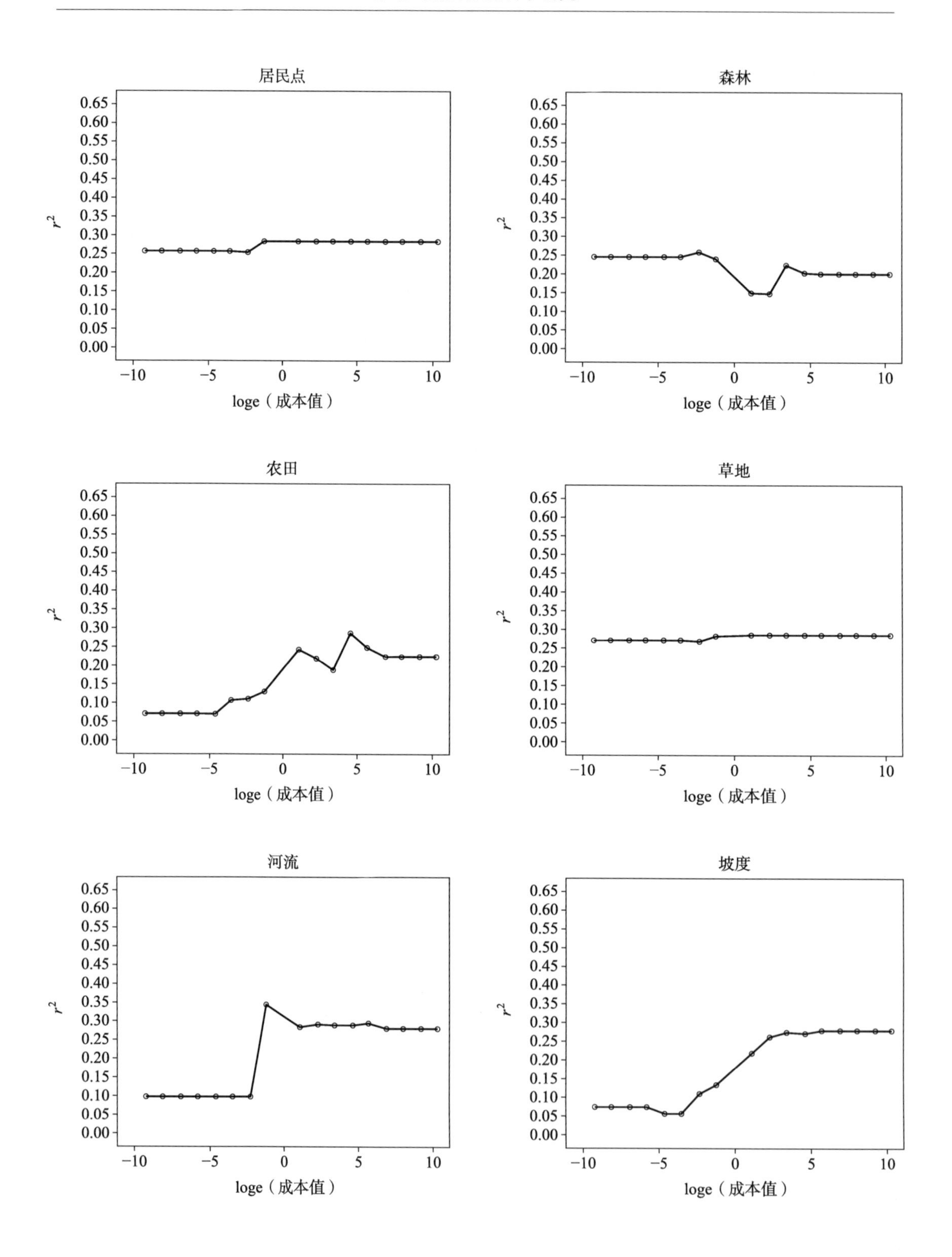
居民点
森林
农田
草地
河流
坡度
0.65
0.60
0.55
0.50
0.45
0.40
0.35
0.30
0.25
0.20
0.15
0.10
0.05
0.00
r^2
−10
−5
0
5
10
loge（成本值）

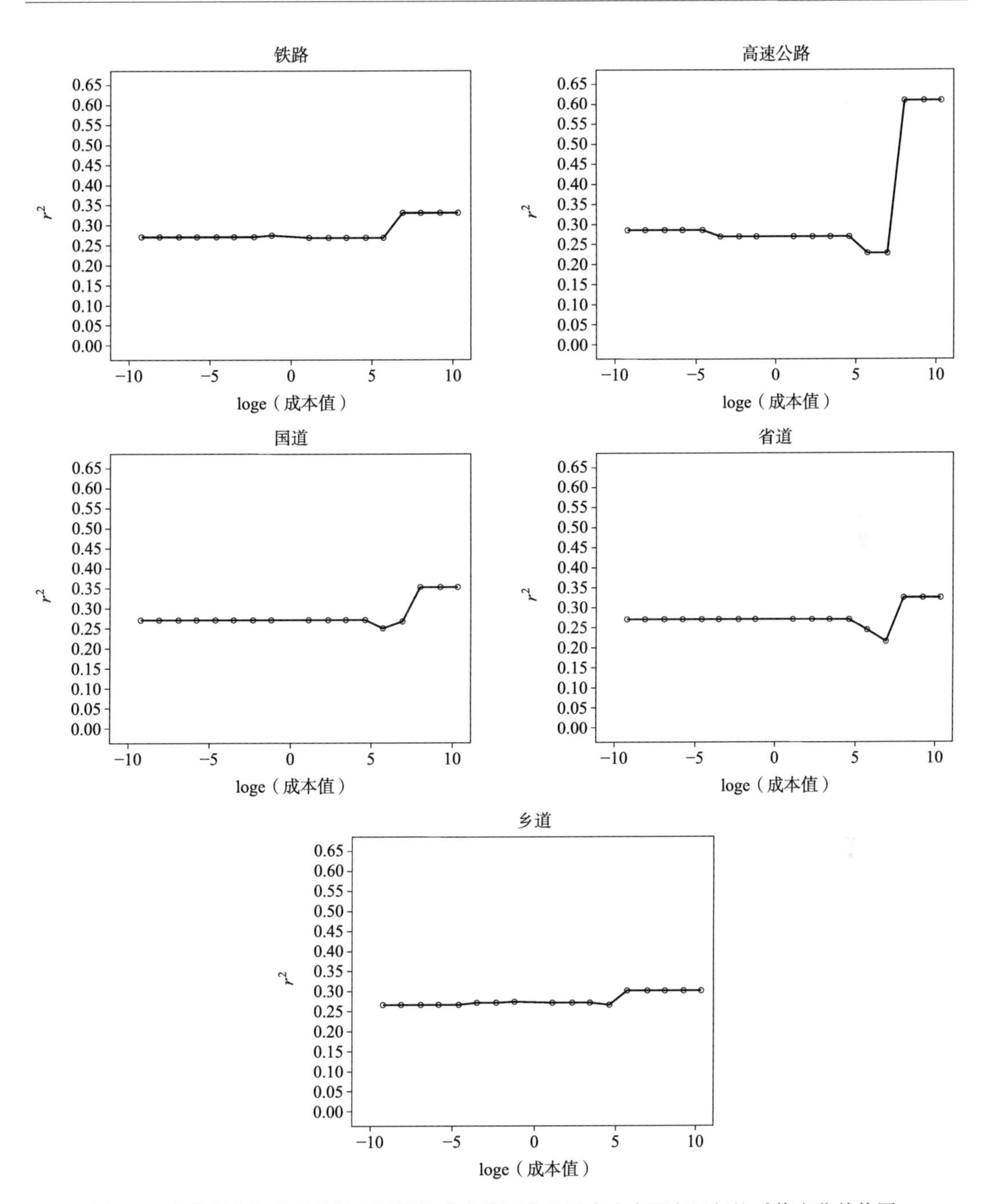

图 6-6 遗传距离与景观特征不同栅格成本值评定的最小成本距离回归的 r^2 值变化趋势图

6.4 讨论

6.4.1 距离隔离分析

在空间大尺度的 6 个局域种群间的距离隔离模式评价中，发现 mtDNA 呈现显著的距离隔离，微卫星数据却没有检测到显著的距离隔离，这种不同分子标记呈现的不同地理隔离差异可能受到马鹿偏雄性扩散模式的影响，导致母系遗传的 mtDNA 标记在大尺度上更能够检测到雌性留居模式物种的距离隔离模式。Fickel 等（2012）对德国与捷克两个相邻国家公园内马鹿种群间的微卫星和线粒体控制区之间的遗传结构差异进行了探讨，认为受到马鹿偏雄性扩散和雌性留居模式的影响。高惠（2020）对阿拉善马鹿的研究中，线粒体标记显示宁夏和内蒙古两个地理组间的遗传分化达到显著水平，但微卫星数据并没有检测到，也表明可能是马鹿偏雄性扩散引起二者间的差异。

对空间距离较近的相对小尺度范围内小兴安岭和长白山脉的 4 个局域种群间微卫星数据的遗传距离与地理距离呈现不显著的正相关，mtDNA 却没有检测到正相关性，与线粒体标记相比微卫星具有更高的进化速率和突变率，在检测近期历史事件的影响时微卫星标记更具优势。Pérez-Espona 等（2008）在苏格兰地区较小尺度内（115km×87km）研究马鹿种群遗传结构模式时，并未检测到受马鹿偏雄性扩散的影响。也因此表明，特定研究区域内在不同尺度上分析距离对种群分化影响的重要性。同时，尽管基于遗传距离 $F_{st}/(1-F_{st})$ 与地理距离之间相关性的距离隔离分析在生态学研究中被广泛使用，但必须注意到在取样尺度上太小或太大时，回归系数的估计可能会出现偏差。

6.4.2 景观特征对种群结构的影响

基于微卫星数据对研究区域内 4 个局域种群遗传亚结构分析，仅有部分遗传分化能够通过种群间地理距离给予解释。当景观特征的影响被考虑进种群间地理距离时，可以解释更大比例的遗传分化，说明景观特征在马鹿种群分化中扮演重要的角色。最小成本路径距离是比地理距离更具生物学意义的距离参数，更贴近实际动物迁移通道。而在识别和量化景观特征对基因流影响的时候，构建最小成本距离矩阵选择的成本值范围，可以识别哪些景观特征可以潜在地促进马鹿基因流或作为屏障。同时基于 r^2 值的变化趋势，以及某景观特征促进基因流（成本值<1）与阻碍基因流（成本值>1）之间 r^2 值差异检验，可以进一步减小仅依赖 r^2 值评价所造成的估计偏差。

值得强调的是，评价景观格局对基因流的影响时，景观遗传学的一个重要研究分歧就是不同野外取样设计的影响。Oyler-McCance 等（2013）评估了 5 种不同的取样方法，即随机、线性、系统、分群和单地点等取样设计如何影响正确识别种群结构的景观过程，认为对于连续分布的物种，随机、线性和系统取样法有较好的表现。该研究强调在生态学上适当的空间和时间尺度上取样数据的重要性，并建议仔细考虑景观成分附近的取样，这些成分可能更加影响物种的遗传结构。对于珍稀濒危物种的研究，精细的系统取样和针对某些景观成分的线性取样设计往往实现较为困难，随机取样设计对于空间小尺度内连续分布的物种研究来说可能更容易开展。而对于广泛分布的非濒危物种，这些较优的取样设计在大尺度上更容易实现。分群取样设计虽然在精细景观格局评价中存在一些不足，但在一定空间尺度上仍然可以获得有价值的信息，如马鹿、驼鹿和狍等物种的研究。鉴于当前东北马鹿隔离破碎化小种群的分布现状，分群取样设计是其大尺度研究中较为可行的办法。

6.4.3 促进东北马鹿基因流的景观特征

森林被确定为促进东北马鹿基因流的景观特征，作为栖息于东北山地森林生境的东北马鹿，森林呈现对该物种基因流的促进作用不难理解。但森林仅解释了与欧式距离相似数量的遗传分化，可能与研究区域内主要为森林生境，其面积较大并占有主导地位有关。河流在栅格成本值为0.3时r^2值最大，可以被确认为促进马鹿基因流的景观特征，但基于r^2值的变化趋势，整体上促进基因流（成本值<1）的r^2值却极显著地低于阻碍基因流（成本值>1）的r^2值，呈现基因流屏障作用。构建最小成本路径距离时发现，在成本值较小时模拟路径会呈现沿着较大河流移动的模式，这可能与马鹿的真实迁移路径极其不符。因此认为，较小河流可促进马鹿基因流，但宽大的河流却会对基因流产生阻碍。

研究区域内较大河流主要有松花江和牡丹江，松花江为黑龙江在中国境内的最大支流，流经吉林和黑龙江两省，全长约1 927km，江面宽处达5～10km，主要分布在下游江段。黑龙江省境内的松花江段主要呈东西走向，为张广才岭、老爷岭、完达山脉与小兴安岭的“分水岭”。了解到，方正林区北部的松花江段的宽度在700～2 000m之间。牡丹江为松花江干流右岸最大支流，位于黑龙江省东南部，发源于长白山脉白头山，流经吉林省敦化市和黑龙江省牡丹江市，在依兰县注入松花江，全长约726km，河宽10～300m，每年11月中旬至次年4月中旬为结冰期。铁力、方正、穆棱和黄泥河种群分别被松花江和牡丹江相互阻隔为四个区域种群。

马鹿具有较强的游泳能力，也有游渡较大河流的报道，但是横渡宽大河流需较高的成本，加之两岸区域非森林景观特征的较强干扰，宽大河流可能作为马鹿基因流的屏障。而在非结冰期窄小河流作为马鹿重要的水源，对其扩散和种群间基因交流可能起到重要的促进作用，如塔里木马鹿常在离水源500～750m之间的生境中活动，一般回避距水源较远的生境。对于东北马鹿生境选择的研究多集中在河流结冰期的冬季，在相关研究中河流通常作为被剔除的环境因子，而缺少河流对东北马鹿生境选择影响的数据。据相关报道，一些具有较强游泳和移动能力的哺乳动物，如马鹿、驯鹿（*Rangifer tarandus*）、美洲黑熊（*Ursus americanus*）和狼等物种，不同程度的湖泊和河流也对其种群扩散产生不同影响。因此，我们认为河流作为景观特征时，如松花江、牡丹江等宽大河流可对东北马鹿基因流产生阻隔，而较小河流可能会促进种群基因流。

6.4.4 东北马鹿基因流屏障的景观特征

高速公路、国道、铁路、省道、县道、农田、草地、居民点和坡度被确定为本研究区域内东北马鹿基因流的屏障，其中仅高速公路达到显著影响遗传分化的水平，为最重要的基因流屏障。当前，4个局域种群已被哈同高速（G1011）、绥满高速（G10）、鹤大高速（G11）和珲乌高速（G12）分割为相互隔离的状态。G1011于1996年建成开通使用，当时为双车道，约10年后扩建为现在的四车道；G10哈尔滨-牡丹江段是在1997年建成通车的国路基础上扩建为高速公路，2007年高速通车使用；G11和G12分别于2016年和2008年建成使用。高速公路对东北马鹿种群间交流的影响已有20年左右，加之历史悠久的铁路网与高速公路网线几乎并行以及使用历史较长的国道，与省道、县道共同组成的道路网可能一同影响着东北马鹿种群间的扩散和基因交流。周靖杰（2011）在公路对黑龙江省林区有蹄类动物影响的研究中指出，不同等级的公路对有蹄类动物（马鹿、狍、野猪）的数量有显著性影响，其阻碍作用与公路等级呈正相关。研究显示：高等级封闭公路（高速公路）阻碍率为 1，几乎完全阻隔了公路两侧有蹄类动物迁移、觅食和基因交流；高等级开放式公路（国道、省道）阻碍率为 0.71～0.79；次高等级公路（县道）阻碍率为 0.43～0.50；低等级公路（乡镇公路、林区集材和防火公路）阻碍作用最小，介于 0.25～0.31 之间。其中，有关公路和铁路对具有高移动能力哺乳类动物扩散的消极影响已有较多报道。因此，我们认为铁路、国道、省道、县道与高速公路构成的道路网对东北马鹿种群基因流产生了重要的阻碍作用。

研究中发现，大面积的草地主要分布于农田区域，因此草地可被归入农田景观中一并分析。大量研究表明，农田、居民点和道路是导致东北马鹿生境破碎化的重要景观因子，马鹿通常对人类活动干扰强和缺少隐蔽条件的农田、居民点和道路采取回避，而其适宜生境地区主要为距离农田、居民点和道路较远的区域。因农田中食物丰富，林缘农田带却是马鹿常光顾的区域。研究区域内大面积农田区主要分布在松花江流域（哈尔滨至佳木斯一带）、蚂蚁河流域（通河至五常一带）、倭肯河流域（依兰至七台河一带）、牡丹江流域（牡丹江至东京城一带）。其中，松花江流域是小兴安岭与长白山脉种群间交流必经之地，但受农田、松花江、G1011 高速和 G221 国道等多重影响，在该区域这些景观可能起到极大的阻隔作用。对于东北地区，最大的农田阻隔为东北平原，这也造成大兴安岭北部马鹿种群只能经小兴安岭与长白山脉种群进行交流，而南部种群除了沿着大兴安岭北上外，还可能会从内蒙古科尔沁沙地南部的狭窄森林带进入与长白山脉南部进行种群交流。坡度也被确定为研究区域内的马鹿基因流屏障，生境选择研究表明东北马鹿活动点集中分布在坡度 0°～20°区间，对大于 20°坡度的生境回避。马鹿沿着山谷移动而不是直接穿越陡峭的山体，可以付出较少的成本。Pérez-Espona 等（2008）也发现，苏格兰高地中心区域地势平缓，与邻近多山区域种群相比该区域种群遗传分化水平非常低。同样在加拿大班夫国家公园（Banff National Park）地形对哺乳动物移动影响的研究中指出，马鹿、狼、美洲貂（*Martes americana*）、短尾猫（*Lynx rufus*）和美洲狮（*Felis concolor*）等物种优先考虑穿过低复杂度地形和坡度低于 5°的山体区域。

值得注意的是，关注景观变量之间的内在相关性也是非常重要的，这些变量可能会搅乱特定景观特征对种群遗传结构的影响，然而准确分析这种相关性和量化每个景观变量的影响是比较困难的。尽管景观特征之间的相关性在其他的研究中已有评价，通常涉及偏 Mantel 检验（partial Mantel tests）。但是需要注意的是，目前关于偏 Mantel 检验的统计学正确性存在很多争议。其他的分析方法，例如基于距离矩阵的偏冗余分析（distance-based redundancy analysis），景观生态学研究中评价不同生态变量之间的相互影响方面被证明是有效的，被认为是景观遗传学研究中对偏 Mantel 检验的替代。然而，在应用该方法时对于有些研究得到的结果无法进行生物学解释。在 Prunier 等（2017）和 Dellicour 等（2019）的研究中注意到，景观遗传学分析方法的发展仍然富有挑战。

6.5 本章小结

（1）对 6 个局域种群的检测显示，mtDNA 表现出显著的 IBD 模式，而微卫星数据却没有检测到，认为此差异受到东北马鹿偏雄性扩散模式的影响。

（2）对小兴安岭和长白山脉的 4 个局域种群检测显示，mtDNA 数据的种群间遗传距离与欧式距离间无相关性，微卫星数据呈现不显著的正相关，认为 4 个局域种群间显著的遗传分化主要受到 IBE 模式的影响。

（3）景观特征对种群基因流影响评价显示，森林可以促进东北马鹿种群的基因流；较小河流也可促进基因流，松花江和牡丹江等宽大河流却对基因流产生阻碍。高速公路为最大的东北马鹿种群基因流屏障；铁路、国道、省道、县道与高速公路形成的道路网为重要的基因流屏障；农田、草地、居民点和坡度也对基因流产生一定的阻碍作用。

（4）松花江流域是小兴安岭与长白山脉东北马鹿种群间交流的重要廊道，农田、松花江、G1011 高速和 G221 国道等多重影响造成了极大的阻隔作用，未来应给予重点关注。

7 东北马鹿种群扩散模式研究

7.1 引言

大量研究把动物的种群扩散分为出生扩散（natal dispersal）和繁殖扩散（breeding dispersal）两种，出生扩散指亚成体从出生地到第一次繁殖地或潜在繁殖地的永久性移动，繁殖成功与否则不予考虑；繁殖扩散是指动物在不同繁殖地之间的移动。受近交回避、减少配偶竞争和资源竞争等的影响，许多物种常呈现偏性扩散（sex-biased dispersal）模式。另外，随着时间的推移，环境条件或局域种群密度等因素的变化也可导致扩散模式和原因发生改变。目前，该领域已经成为生态学研究中的热点问题。

分子生物学的应用为研究物种扩散提供了间接途径，也拓展了空间行为学领域的发展。马鹿与其他多数一雄多雌制哺乳动物一样，常呈现偏雄性扩散模式，然而受配偶竞争、环境和管理策略等因素变化的影响，其扩散模式也会发生改变。东北马鹿是我国马鹿分布范围最大的物种，很长时期内受人类活动和生境破碎化的影响，该物种的亚种群结构和生境质量呈现不同程度的改变，而扩散研究尚未开展。本章基于多种方法揭示东北马鹿种群扩散模式，进一步阐明种群空间遗传结构的形成。

7.2 研究方法

7.2.1 性别鉴定

以 X 染色体 *ZFX* 与 Y 染色体 *SRY* 基因设计的 4 对引物，基于巢式 PCR（nested PCR）进行东北马鹿样本的性别鉴定。第 1 轮扩增采用 2 对外引物：ZFX1-L（5'-GGT AAG TCC TGT CGC AGC TC-3'）、ZFX1-H（5'-CGG AAA TTC CCC ATT CTA GG-3'）（425bp）；MT1（5'-GCT CTA GAG AAT CCC CAA ATG-3'）、DSRY1-H（5'-ATT CGT GAG CCT GTG GTA TTG-3'）（290bp）。第 2 轮扩增以外引物扩增产物稀释 20 倍后作为 DNA 模板，采用 2 对内引物：ZFX2-L（5'-GTT GGT TCT TTA ACG TGA ATT C-3'）、ZFX2-H（5'-GAA ATG CCT AGC TTC CAT ATC-3'）（334bp）；DSRY2-L（5'-CTG AAA AGC GAC CAT TCT TTG-3'）、DSRY2-H（5'-CAA TTT CTG TTG CCT CTT CG-3'）（113bp）。

扩增体系均为 10μL：1U/μL KOD FX Neo DNA polymerase（Toyobo，Japan）0.2μL、2×Buffer for KOD FX Neo 5μL、2mmol/L dNTPs 2μL、10μmol/L 的引物各 0.2μL、模板 DNA 1μL、PCR grade water（天根，中国）1μL。反应条件均为：94℃预变性 2min；98℃变性 10s、58℃退火 30s、68℃延伸 30s，外引物扩增 45 个循环，内引物

扩增 30 个循环；最后 68℃再延伸 10min，4℃保存。4μL PCR 产物用 2.0%琼脂糖凝胶电泳进行检测（图 7-1、图 7-2）。

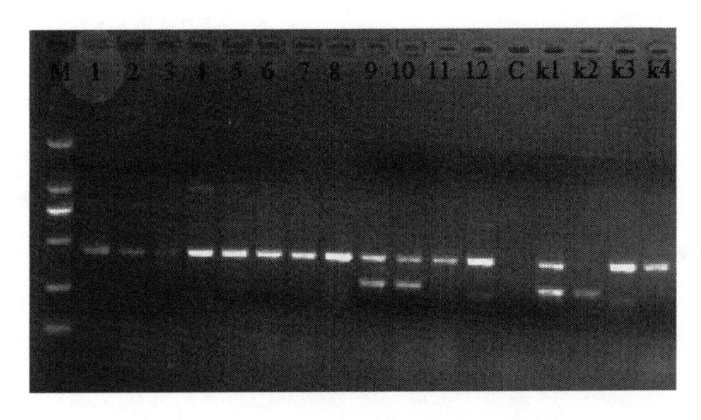

图 7-1 外引物的性别鉴定结果图

M：DNA 分子标记（DL-2 000）；1～12 为鉴定的样品；C 为阴性对照；k1～k4 为阳性对照

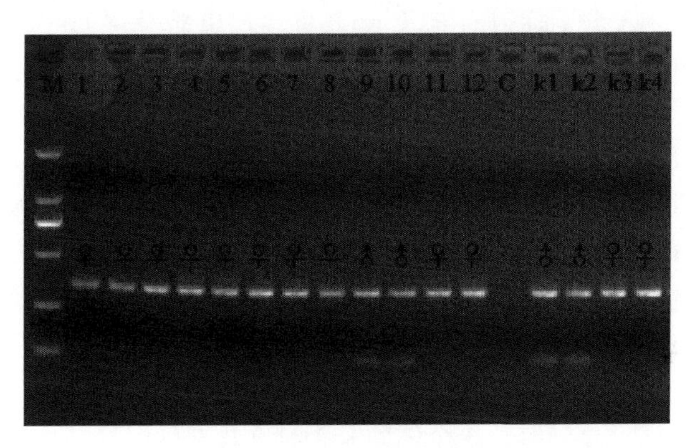

图 7-2 内引物的性别鉴定结果图

M：DNA 分子标记（DL-2 000）；1～12 为鉴定的样品；C 为阴性对照；k1～k4 为阳性对照

每个样品进行 5 次以上独立平行的 PCR 扩增，最终以内引物扩增的电泳结果判定性别。将至少 3 次出现双带（334bp 的 *ZFX* 和 113bp 的 *SRY* 带）的样品记录为雄性；至少 3 次出现 *ZFX* 带，所有扩增均未出现 *SRY* 带的样品记录为雌性；按此标准无法判断性别的样品被舍弃。为避免人为污染，保证鉴定结果的准确性，在每次鉴定反应中加入一个无模板 DNA 的 PCR 体系作为阴性对照；同时结合 1 个雄性马鹿肌肉 DNA 和基于野外马鹿卧迹处尿痕位置判断的 3 个粪便 DNA，共 2 只雄性和 2 只雌性东北马鹿的 DNA 作为阳性对照。考虑到 *SRY* 在哺乳动物基因组中的相对保守，避免环境中包括人在内的雄性动物 DNA 对试验结果可能造成的影响，所有性别鉴定的 PCR 准备过程均在无菌操作台内进行。为了相互验证和提高个体识别与性别鉴定的准确性，性别鉴定采用的样品为 287 份个体识别前微卫星基因分型成功的样品，同时这些粪便样品也基于粪球外部形态和大小进行了初步的性别判定。

7.2.2 扩散模式分析

本部分内容总结了基于遗传学手段检测偏性扩散研究的常用方法，并对东北马鹿种群偏性扩散模式进行评价，具体方法如下。

（1）个体间遗传距离　基于微卫星数据使用 Peakall 和 Beattie（1995）的方法，采用 GenAlEx 6.0 软件对各局域种群计算同一性别马鹿两两个体间的遗传距离，再采用独立样本均值检验法比较雌、雄马鹿个体间平均遗传距离是否存在显著性的差异。因扩散能力更强的性别其种群内个体间遗传距离更大，将判断为呈现偏向此性别的扩散模式。

（2）种群间遗传分化指数　首先，基于前文中的数据结果，比较 mtDNA 控制区和微卫星数据计算得到的种群间遗传分化指数 F_{st}的差异。由于 mtDNA 的有效种群大小（N_e）约为核标记的 0.25 倍，通常导致 mtDNA 要比核标记产生更高的 F_{st}值，为了解释二者间的差异性，参考 Roffler 等（2014）的研究，对 mtDNA 控制区的 F_{st}值进行标准化：$F_{st}[nu]=1-e^{0.5\ln[1-Fst(mtDNA)]}$，再与微卫星的 F_{st}值进行比较。如马鹿为偏雄性扩散模式，母系遗传的 mtDNA 分子标记的 $F_{st}[nu]$ 将表现出显著较大的数值。其次，基于微卫星数据采用 Genetix 4.05 和 GenAlEx 6.0 软件分别计算不同性别种群间遗传分化指数 F_{st}和 Φ_{st}，再采用独立样本均值检验法比较雌、雄整体种群间平均遗传分化指数是否存在显著性的差异。若某一性别的扩散能力较强，则该性别马鹿种群间遗传分化水平将低于留居性别。这些方法更有助于判断长距离和更长历史时期内的偏性扩散模式。

（3）个体间亲缘系数　采用 Queller 和 Goodnight（1989）的计算方法，计算东北马鹿各局域种群内个体间的亲缘系数 r。使用 GenAlEx 6.0 软件分别计算各局域种群内雌性和雄性马鹿个体间的平均亲缘系数，平均亲缘系数的置信区间及是否偏离随机分布的 95%置信区间通过 1 000 次 bootstrap 获得。各地理和整体种群内个体间平均亲缘系数采用独立样本均值检验法，比较雌、雄个体间是否存在显著性差异。对偏性扩散来说，留居性别两两个体间的亲缘系数要比扩散性别个体间的亲缘系数高。

（4）分配系数　采用 FSTAT 2.9.4 软件计算各地理和整体种群内雌雄性别的平均分配系数（mean of assignment indices，m_{AIc}）和分配系数的方差（variance of assignment indices，v_{AIc}），并用 1 000 次的置换（permutation）来产生这两个指数的置信区间。如果东北马鹿种群中存在偏性扩散，可以预测倾向于扩散性别的 m_{AIc}应该比留居性别的小，而扩散性别的 v_{AIc}要比留居性别的大。

（5）空间自相关系数　空间自相关分析（spatial autocorrelation analysis）是研究同一变量的空间相关性，该方法也可用于分析遗传距离与地理距离之间的相关性，根据个体间遗传相似性所呈现的空间格局对扩散模式进行推测。通常采用空间自相关系数（spatial autocorrelation coefficient，r）来测量位于不同距离等级内的个体遗传相似性是否相关以及相关的程度，然后使用空间自相关图（spatial autocorrelogram）对不同地理距离上空间自相关系数进行分析，检验遗传相似性在不同地理距离内是否偏离随机分布。如果个体扩散或活动受限，在短距离内两两个体间遗传相似性较高，就会出现显著的正自相关系数；随着地理距离的增大，其遗传相似性会降低，自相关系数也随之下降；不同的扩散模式会导致留居性别个体间空间自相关系数更高。

采用 GenAlEx 6.0 软件对东北马鹿种群的雌、雄群体进行空间自相关分析，其中两两个体间的地理距离使用欧式直线距离，两两个体间的遗传距离使用 Peakall 和 Beattie（1995）的方法计算。空间自相关系数 r 通过不同地理距离等级内遗传相似性相关计算得到，地理距离等级尺度的使用根据马鹿的家域面积来确定。查阅文献发现，不同地区的马鹿家域大小有较大差异，并且通常雄性的家域面积大于雌性，保守考虑我们选择了其他研究中面积相对较小的雌性家域作为参考，为德国阿尔卑斯山（Alps）和捷克耶塞尼克山（Jeseniky Mountains）地区的研究结果，雌性家域面积分别为 0.65km^2 和 0.35km^2。假设马鹿的家域接近于圆形，经计算获得两个地区雌性马鹿家域平均半径分别约为 455m 和 338m。同时，参考刘辉（2017）和高惠（2020）分别关于驼鹿和马鹿的研究选择了 400m 的距离等级尺度，我们也选择了 400m 作为空间自相关分析比较的距离等级尺度。

本文中各局域种群内的两两个体间最大地理距离为 32.869km（铁力种群），考虑到在较大距离尺度内两两个体对数较少，而在 12km 内个体对数相对较多。因此，我们以 400m 为距离等级尺度，测试了 400m～12 000m 共 30 组空间距离内的 r 值。由于种群间最小空间距离为 159.9km（穆棱与黄泥河），所以在 12 000m 距离等级内的两两个体对均为各局域种群内部的个体对。r 值 95%置信区间通过 1 000 次 bootstrap 获得，非随机空间遗传结构通过 10 000 次置换进行检测，空间自相关系数的显著性通过单尾检验其是否显著偏离 0 获得。通常显著的正值 r 会在最初的数个距离等级内得到，超过某个最大值后呈下降趋势，并逐渐变为负值。

7.3　研究结果

7.3.1　性别鉴定

基于巢式 PCR 对 287 份马鹿样本进行了性别鉴定，结果表明微卫星个体识别的同一个体重复样本均具有相同的性别，并且同一个体重复样本的粪球外部形态和大小基本一致，进一步说明本文所做研究中个体识别与性别鉴定的高度准确性。基于性别鉴定方法参考的标准，172 只马鹿个体中最终鉴定出 167 只个体的性别，其中雌性为 116 只，雄性为 51 只，整体的雌雄性比为 2.27。6 个局域种群的雌雄性比差别较大，其中高格斯台、穆棱和黄泥河种群的雌雄性比较高，分别为 4.00、3.75 和 4.17；双河和方正种群的性比居中，为 1.83 和 1.67；铁力种群的性比最低，为 0.82（表 7-1）。也基于这些种群的个体性别信息，结合微卫星和 mtDNA 控制区遗传学数据对东北马鹿种群偏性扩散模式进行了评价。

表 7-1　东北马鹿 6 个种群个体性别鉴定结果

种群	个体数	鉴定个体数	雌性个体	雄性个体	雌雄性比
S	17	17	11	6	1.83
G	49	45	36	9	4.00
T	31	31	14	17	0.82

（续）

种群	个体数	鉴定个体数	雌性个体	雄性个体	雌雄性比
F	24	24	15	9	1.67
M	19	19	15	4	3.75
H	32	31	25	6	4.17
合计	172	167	116	51	2.27

7.3.2 个体间遗传距离

基于微卫星数据，结合个体性别信息分别计算了各局域种群雌雄个体间的遗传距离。整体上，雄性个体间平均遗传距离为 12.927±0.934；雌性为 12.550±1.259，结果呈现雄性遗传距离大于雌性，但差异不显著（$P=0.569>0.05$）。对于各局域种群，其中双河、高格斯台、穆棱和黄泥河种群，呈现雄性遗传距离大于雌性；铁力种群的雌雄结果接近相同；方正种群呈现雌性大于雄性，但各局域种群内的雌、雄差异均不显著（$P>0.05$）（图 7-3）。

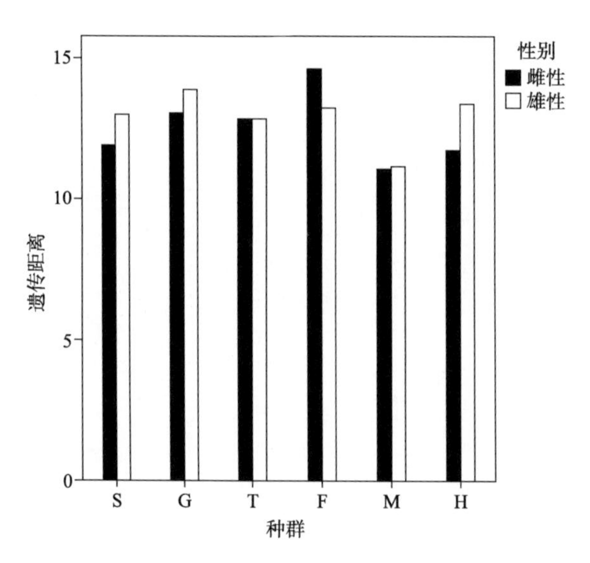

图 7-3　6 个局域种群雌雄个体间遗传距离的比较

7.3.3 种群间遗传分化指数

基于 mtDNA 控制区和微卫星数据计算得到各局域种群间的遗传分化指数 F_{st}（表 5-5、表 5-7）。对于整体种群，控制区的 F_{st} 为 0.5384（$P<0.001$），微卫星为 0.1364（$P<0.001$），控制区数据明显高于微卫星近 4 倍。对于种群间，配对样本 t 检验表明二者差异极显著（$P<0.01$），其中仅铁力与穆棱、铁力与黄泥河、方正与穆棱种群间的 F_{st} 值呈现控制区略小于微卫星，其他 12 对种群间均呈现控制区明显大于微卫星。对于整体种群，控制区的 F_{st} 值经标准化后，F_{st} [nu] 为 0.321，为微卫星 F_{st} 的 2.35 倍。对于种群间，配对样本 t 检验表明二者差异也极其显著（$P<0.01$）。其中仅铁力与方正、穆棱、黄泥

河，以及方正与穆棱种群间呈现控制区略小于微卫星，其他 11 对种群间均呈现控制区明显大于微卫星。在这 11 对种群间，有 8 个种群对的控制区 F_{st} [nu] 在微卫星 F_{st}数值的 2～4 倍之间，仅有 3 对小于 2 倍。基于种群间遗传分化指数的控制区与微卫星比较，认为东北马鹿种群呈明显的偏雄性扩散模式。

基于微卫星数据，得到了雌雄种群间遗传分化指数 F_{st}和 Φ_{st}。整体上，雌性 F_{st}平均值为 0.144±0.027，雄性为 0.138±0.046；雌性 Φ_{st}平均值为 0.237±0.035，雄性为 0.223±0.065，均呈现雌性大于雄性，但雌雄之间的差异均不显著（$P>0.05$）。其中，种群间的结果存在一定差异。对于种群间 F_{st}值，雌性数值较大的有 7 个种群对，分别为 S-H、G-F、G-M、G-H、T-H、F-M 和 F-H，而其他 8 个种群对呈现雄性较大。对于种群间 Φ_{st}值，有 9 个种群对表现雌性较大，分别增加了 G-T 和 M-H，而其他 6 个种群对呈现雄性较大（图 7-4、图 7-5）。

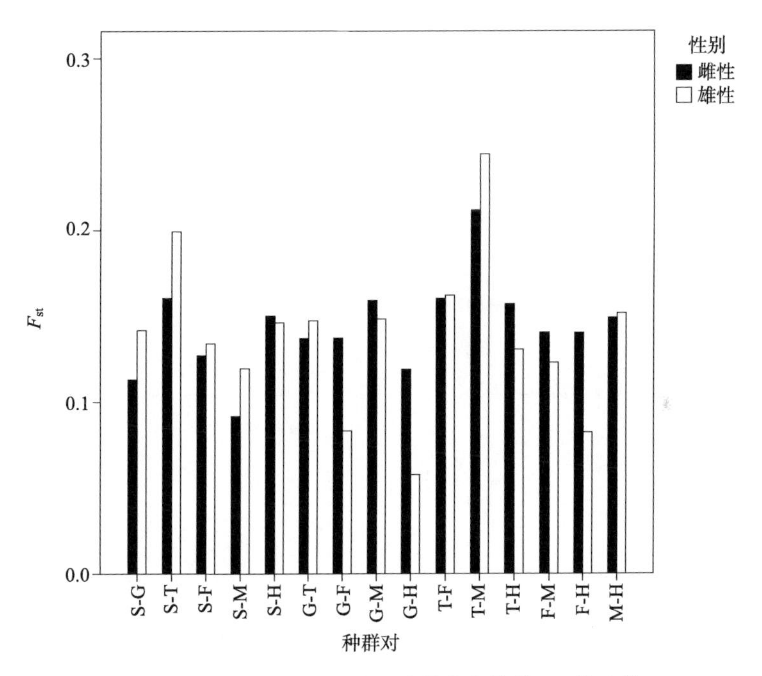

图 7-4 雌性和雄性种群间遗传分化指数 F_{st}的比较

7.3.4 个体间亲缘系数

基于 Queller 和 Goodnight（1989）的计算方法，得到了东北马鹿各局域种群内个体间的亲缘系数 r。对于整体种群，雌性的平均亲缘系数 r 为 −0.067±0.025，雄性为 −0.182±0.088，雌性显著大于雄性（$P=0.022<0.05$），表明东北马鹿呈现偏雄性扩散模式（图 7-6 和彩图 7-6）。对于各局域种群，平均亲缘系数均呈现雌性大于雄性，其中高格斯台和黄泥河种群雌、雄亲缘系数的差异达到极显著水平（$P<0.01$）；穆棱种群的差异也较大，接近显著水平（$P=0.079$）；而双河、铁力和方正种群的差异不显著（$P>0.05$）。

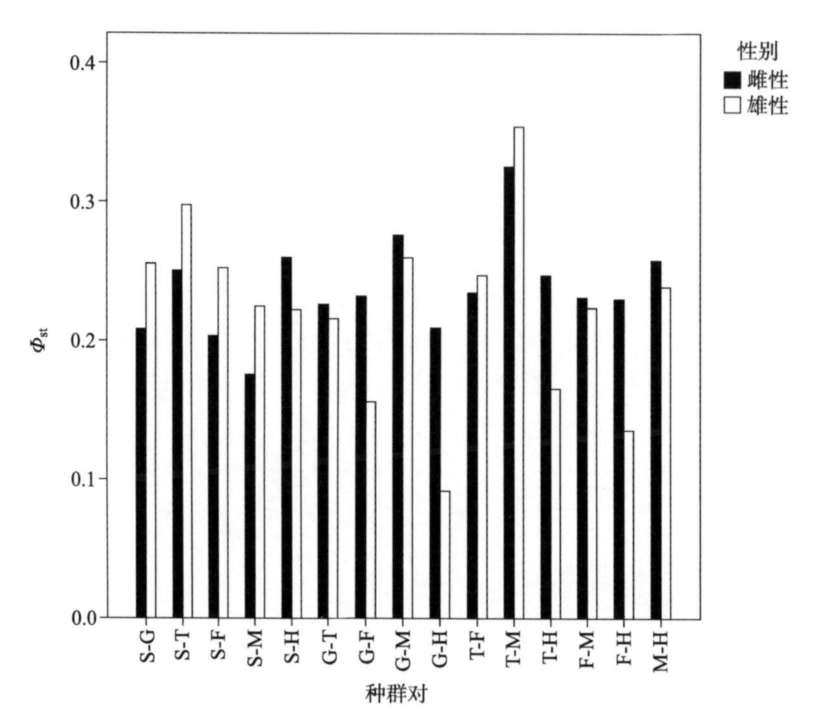

图 7-5　雌性和雄性种群间遗传分化指数 Φ_{st} 的比较

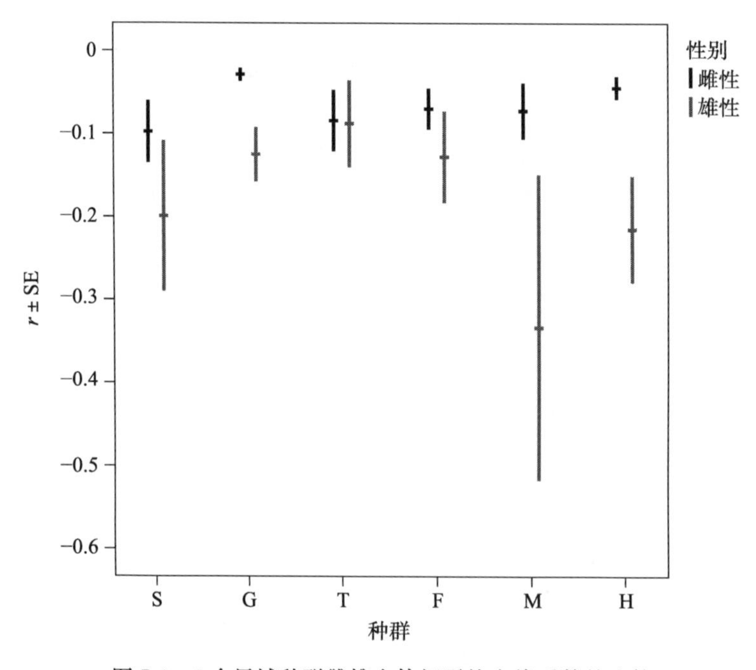

图 7-6　6 个局域种群雌雄个体间平均亲缘系数的比较

7.3.5 种群的分配系数

通过分析基因型在各局域种群内与种群间的空间分布，发现只有方正、黄泥河种群的雄性平均分配系数（m_{AIc}）为负值，并且小于雌性；而其他 4 个种群均雌性为负值，雄性较大。对于分配系数的方差（v_{AIc}），只有铁力、方正种群的雄性较大，其他 4 个种群都是雌性较大。统计检验发现，以上全部结果中雌雄之间的差异均不显著（$P>0.05$）。由于分配系数主要是检测种群间基因型的空间分布，对于 6 个局域种群间的 m_{AIc}值呈现雌性为较小的负值，v_{AIc}值却雄性较大，但两个参数的雌雄差异均不显著（$P>0.05$）（表 7-2）。Goudet 等（2002）认为，v_{AIc}对扩散规模较小时的偏性扩散更敏感。因此我们基于分配系数方差的结果，认为东北马鹿种群中可能存在有限规模的偏雄性扩散。

表 7-2 6 个局域种群的平均分配系数（m_{AIc}）和分配系数的方差（v_{AIc}）

种群		S	G	T	F	M	H	合计
m_{AIc}	雄性	0.563	3.363	0.555	−0.807	0.877	−0.295	0.207
	雌性	−0.307	−0.091	−0.673	0.484	−0.234	0.071	−0.091
v_{AIc}	雄性	12.535	3.889	25.009	5.682	37.185	4.552	15.258
	雌性	21.334	7.892	15.303	3.251	37.205	6.733	13.098

7.3.6 个体水平的空间自相关系数

基于个体水平，对雌性和雄性东北马鹿分别进行了空间自相关分析。结果显示，对于雌性马鹿（图 7-7a 和彩图 7-7a、表 7-3），在 0～3 600m 的 9 个距离等级内均出现了显著正的 r 值（$P<0.05$），偏离随机分布；在 3 600～4 800m 的 3 个距离等级内也出现了正的 r 值，但不显著，处在随机分布的范围之内；在随后的距离等级内 r 值呈现不显著的正负波动，都在随机分布 95%置信区间内。对于雄性马鹿（图 7-7b 和彩图 7-7b、表 7-4），在 400m 距离等级内呈现显著的正相关（$P<0.01$），但相关系数值（$r=0.296$）低于雌性（$r=0.424$）；随后分别在 6 400m、7 600m 和 11 200m 距离等级内也呈现显著的正相关（$P<0.05$）；而在其他距离等级范围内 r 值呈现不显著的正负波动，都处在随机分布的范围之内。

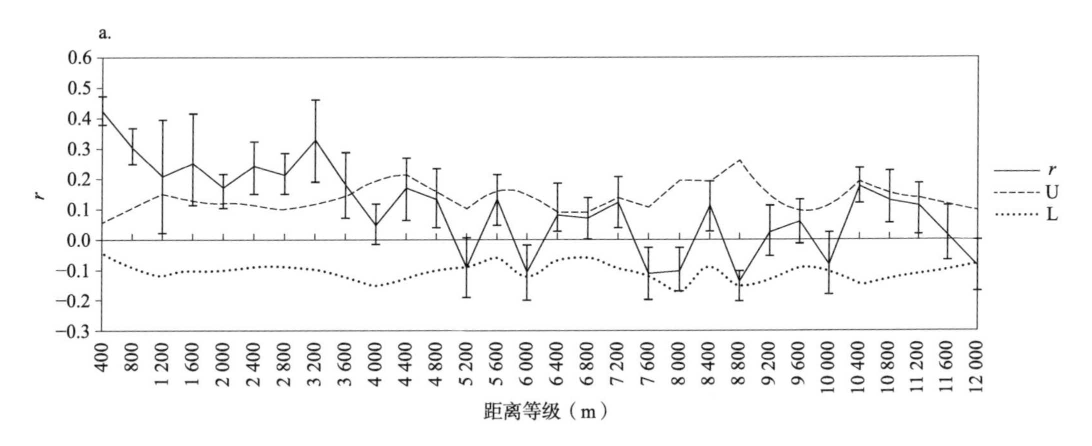

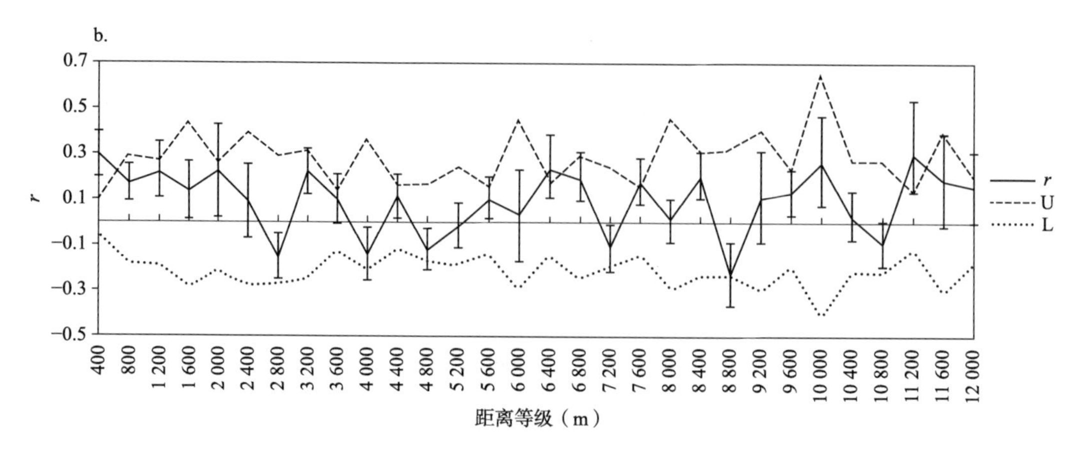

图 7-7　东北马鹿个体的空间自相关分析

a. 雌性　b. 雄性

注：*r* 为空间自相关系数；U 和 L 为空间遗传结构呈随机分布的 95%置信区间

表 7-3　不同距离等级的雌性马鹿个体的空间自相关信息

D	n	*r*	U	L	*P*	Ur	Lr
400	23	0.424	0.052	−0.042	**0.001**	0.474	0.379
800	15	0.309	0.100	−0.093	**0.001**	0.369	0.249
1 200	9	0.207	0.144	−0.120	**0.004**	0.397	0.025
1 600	11	0.253	0.131	−0.104	**0.001**	0.416	0.113
2 000	12	0.170	0.117	−0.107	**0.006**	0.218	0.108
2 400	14	0.245	0.115	−0.089	**0.001**	0.321	0.151
2 800	16	0.214	0.095	−0.097	**0.001**	0.287	0.149
3 200	13	0.333	0.113	−0.103	**0.001**	0.463	0.194
3 600	8	0.181	0.142	−0.121	**0.014**	0.289	0.073
4 000	7	0.051	0.196	−0.159	0.246	0.066	0.013
4 400	8	0.170	0.215	−0.131	0.108	0.341	0.142
4 800	14	0.140	0.156	−0.101	0.078	0.236	0.101
5 200	17	−0.094	0.100	−0.098	0.054	0.099	−0.117
5 600	41	0.133	0.161	−0.060	0.101	0.161	0.111
6 000	16	−0.104	0.155	−0.134	0.098	−0.083	−0.182
6 400	24	0.082	0.088	−0.069	0.060	0.187	0.031
6 800	35	0.069	0.087	−0.059	0.093	0.142	0.004
7 200	14	0.123	0.142	−0.098	0.061	0.207	0.042
7 600	13	−0.114	0.108	−0.116	0.076	0.133	−0.162
8 000	21	−0.102	0.194	−0.182	0.207	0.159	−0.112
8 400	18	0.113	0.190	−0.085	0.105	0.191	0.101

（续）

D	n	*r*	U	L	*P*	Ur	Lr
8 800	40	−0.142	0.262	−0.159	0.076	0.186	−0.185
9 200	7	0.024	0.140	−0.137	0.345	0.114	−0.054
9 600	18	0.059	0.088	−0.090	0.117	0.135	0.009
10 000	13	−0.086	0.107	−0.101	0.098	0.097	−0.093
10 400	8	0.175	0.194	−0.153	0.068	0.352	0.061
10 800	7	0.131	0.150	−0.136	0.072	0.256	0.084
11 200	9	0.112	0.134	−0.117	0.088	0.255	0.088
11 600	11	0.016	0.115	−0.108	0.365	0.116	−0.065
12 000	19	−0.080	0.099	−0.082	0.053	0.168	−0.121

注：D为不同等级的空间距离（m）；n为距离等级内的成对个体数目；*r*为空间自相关系数；U和L为空间遗传结构呈随机分布的95%置信区间；*P*为对正自相关单尾检验的显著性；Ur和Lr为空间自相关系数的95%置信区间

表7-4　不同距离等级的雄性马鹿个体的空间自相关信息

D	n	r	U	L	P	Ur	Lr
400	16	0.296	0.075	−0.055	**0.001**	0.400	0.199
800	6	0.171	0.288	−0.193	0.070	0.327	−0.088
1 200	8	0.219	0.261	−0.191	0.084	0.382	0.166
1 600	11	0.137	0.441	−0.297	0.205	0.244	0.096
2 000	7	0.222	0.257	−0.212	0.103	0.396	0.127
2 400	6	0.088	0.393	−0.283	0.258	0.122	0.001
2 800	6	−0.154	0.288	−0.277	0.094	−0.078	−0.222
3 200	5	0.220	0.316	−0.248	0.075	0.382	0.105
3 600	12	0.106	0.133	−0.126	0.062	0.302	−0.073
4 000	5	−0.148	0.361	−0.221	0.198	−0.088	−0.231
4 400	8	0.118	0.161	−0.121	0.198	0.206	0.092
4 800	5	−0.128	0.161	−0.181	0.198	−0.001	−0.277
5 200	5	−0.017	0.245	−0.189	0.541	0.003	−0.101
5 600	10	0.098	0.152	−0.140	0.096	0.196	0.017
6 000	4	0.030	0.457	−0.294	0.407	0.112	−0.091
6 400	7	0.234	0.168	−0.144	**0.022**	0.392	0.179
6 800	6	0.195	0.295	−0.251	0.126	0.333	0.084
7 200	8	−0.117	0.245	−0.189	0.561	−0.026	−0.277
7 600	9	0.178	0.152	−0.140	**0.036**	0.269	0.072
8 000	4	0.010	0.457	−0.294	0.207	0.099	−0.026
8 400	3	0.205	0.311	−0.235	0.086	0.396	0.124
8 800	3	−0.230	0.318	−0.237	0.063	−0.136	−0.402

（续）

D	n	r	U	L	P	Ur	Lr
9 200	2	0.109	0.401	−0.308	0.228	0.000	0.000
9 600	5	0.128	0.235	−0.190	0.117	0.285	0.103
10 000	6	0.265	0.650	−0.421	0.126	0.385	0.174
10 400	4	0.024	0.268	−0.218	1.000	0.114	0.007
10 800	4	−0.095	0.268	−0.218	0.794	−0.002	−0.186
11 200	9	0.301	0.128	−0.124	**0.001**	0.539	0.132
11 600	2	0.180	0.396	−0.315	0.116	0.000	0.000
12 000	6	0.156	0.193	−0.183	0.083	0.338	0.033

注：参数同表 7-3

鉴于上述结果，雌、雄马鹿个体在遗传变异的空间分布上存在的性别差异性，说明雌、雄马鹿在扩散模式上存在差异。在近距离内雌性个体间的遗传相似性较雄性个体的高，反映近距离内分布着较多有亲缘关系的雌性个体；而雄性个体在近距离内基本上呈现随机分布，却在较远的距离上有较高的遗传相似性，说明有亲缘关系的雄性个体分布在较远的范围。这些结果揭示，东北马鹿种群表现为偏雄性扩散的模式。

7.4 讨论

7.4.1 东北马鹿种群的性比

个体的性别信息对揭示种群动态、遗传变异、种群的有效管理等均具有重要的价值。基于分子手段的性别鉴定，通常会采用 *SRY*、*ZFX*/*ZFY* 或 *Amelogenin* 基因，这些分子标记在鹿科动物非损伤性粪便样本的性别鉴定中均有应用。然而受粪便样本的较低 DNA 质量和数量、提取物中 PCR 抑制剂与借用近缘物种的非特异性引物等诸多因素影响，PCR 鉴定中常出现非目的或模糊的目的条带，造成无法判断或出现不准确的结果。因此，在性别鉴定中需要高灵敏性和特异性的方法，其中，利用巢式 PCR 通过两次扩增，以第 1 轮外引物的长片段序列扩增产物作为第 2 轮内引物短片段序列扩增的模板，最终提高了目的条带的特异性和质量，从而提高性别鉴定的可靠性。在基于巢式 PCR 对东北马鹿粪便样本的性别鉴定中也发现，仅通过第一轮外引物扩增条带判断性别信息，个别样本会受到非特异性条带的干扰，如图 7-1 中 5、8、12 和 k3 样本中出现比 *SRY* 目的片段略小的非特异条带，k2 样本没有扩增出 *ZFX* 片段，而通过第二轮内引物扩增可以得到清晰准确的判定结果。同时性别鉴定所获同一个体重复样本的粪球外部形态和大小均一致，也进一步说明基于巢式 PCR 对粪便样本进行性别鉴定的高度准确性。

性比是种群结构的重要参数，马鹿作为典型的一雄多雌婚配制度的鹿科动物，其种群内通常具有高比例的雌性个体。张显理等（2006）采用实体观测法估测成体阿拉善马鹿雌雄性比为 1.83，高惠（2020）利用分子生物学手段鉴定出阿拉善马鹿种群雌雄性比为

1.69。同样采用分子手段，李秦豫（2010）发现新疆尉犁、且末和沙雅地区的塔里木马鹿种群雌雄性比为1.81，周璨林（2015）鉴定出天山马鹿喀拉乌成山种群的雌雄性比为1.78～2.89，胡贺娇（2016）对50只西藏马鹿进行性别鉴定得到的雌雄性比为1.3。Ferretti和Mattioli（2012）采用实体观测法统计了意大利梅索拉保护区内148只马鹿个体，当年出生个体无法判断性别的除外，其他年龄段马鹿个体的雌雄性比为1.35。对于东北马鹿，张明海和靳玉文（1995）对完达山林区马鹿种群结构的观察结果表明，整个种群的雌雄性比为1.88，不同年龄组内存在一定的性比差异，其幼鹿（0～2.5岁）、青年鹿（3.5～5.5岁）、成年鹿（6.5～9.5岁）和老龄鹿（10岁以上）的性比分别为1.31、2.62、2.50和3.00。张辉（2010）基于分子手段对完达山东部林区东北马鹿种群进行研究，所得性比为1.6。本文所做研究对167只东北马鹿个体的性别鉴定结果显示出，整体种群的雌雄性比为2.27，与上述研究结果相比雌性比例较高。本文中样品采集在马鹿非繁殖交配期的冬季，此期间成年公鹿常从繁殖的混合群离开，组成公鹿群或单独生活，特别是老龄公鹿多行独居，而母仔群的数量会变大。在采样时遇见集群活动个体的概率会较高，张沼等（2021）基于分子手段对内蒙古赛罕乌拉国家级自然保护区东北马鹿种群性别结构的研究显示，种群雌雄性比在冬季为1.8，秋季为0.71，也呈现冬季取样时雌性个体的较高比例。本文所做研究中各局域种群的雌雄性比在0.82～4.00之间，种群间差别较大，由于各研究地区未能进行全面的系统性样品采集，以及舍弃的一定数量样本没有进行成功鉴定，因此我们得到的性比结果可能仅作为有限的参考，而精确的种群性比信息有待进一步深入研究。

7.4.2 自然种群中马鹿扩散的存在与规模

偏性扩散在自然界中极为普遍，经典的传统研究方法是利用无线电遥测或GPS项圈对动物扩散行为进行追踪，从而揭示偏性扩散。由于我国马鹿种群数量稀少、警惕性高，传统的追踪数据十分缺乏。仅见袁梨（2009）在东北马鹿家域利用研究中有所报道，2007—2008年间对2只雌性成体和1只雄性亚成体（2岁）进行无线电遥测追踪时发现，雌性个体在两个年度内核心活动范围没有变化，而雄性个体发生了扩散，其一年后扩散到距捕捉地5km外的地区。东北马鹿雄性个体通常在2.5岁左右性成熟，在亚成体阶段幼公鹿（0.5～2.5岁）会从母仔群离开，经长距离的扩散后进入公鹿群，或进入混合群参与繁殖，而幼母鹿对母仔群核心的依赖程度远高于其他鹿群。Daniels和McClean（2003）对苏格兰地区马鹿种群出生仔鹿进行标签标记，以获得马鹿被射杀或死亡时的扩散距离，通过回收死亡后被标记的590只马鹿（229只雄性、261只雌性）发现，雄性扩散距离一般为3.3～7.4km，雌性为1.9～3.5km，扩散距离雄性显著长于雌性，其中有2只个体进行了更远距离的扩散，雄性为57.6km，雌性为31km。同时发现年龄较大的雄性个体扩散距离较远，雌性个体扩散距离不受年龄影响。Pérez-Espona等（2010）研究中介绍，利用GPS项圈对苏格兰Invercauld地区马鹿繁殖季的扩散距离研究发现，雄性平均扩散距离为10km（3～21km），雌性扩散距离一般小于3km，并指出佩戴GPS项圈的马鹿均为成年个体，所以这些扩散的个体应为繁殖扩散，非出生扩散。虽然上述国外基于宏观手段的马鹿扩散研究中雌性和雄性均表现出一定程度的扩散，但雄性的扩散距离和程度均大于雌性，整体在种群上表现出偏雄性扩散特征。

采用分子生物学手段，高惠（2020）基于近期扩散检测法研究表明，雌性阿拉善马鹿扩散距离为0.89km，雄性平均扩散距离为19.23km，大部分雄性个体（67%）扩散距离在10～20km之间，也表明雄性扩散的比例和扩散距离大于雌性。我们在基于个体水平的空间自相关分析中，发现雌性马鹿在小于3.6km的距离等级内存在高遗传相似性个体，而雄性分别在0.4、6.4、7.6和11.2km距离等级内有高遗传相似性的个体。雄性马鹿在近距离0.4km内可能有未开始或未发生扩散的个体，而其他等级距离的结果都明显呈雄性高于雌性，也进一步说明东北马鹿的偏雄性扩散模式。这种不同性别和个体的扩散距离与比例差异可能与马鹿体重、年龄、种群密度与结构、生境类型等因素有关。本文中采用的多种分析方法检测到东北马鹿种群呈现偏雄性扩散模式，符合一雄多雌制哺乳动物常见的偏雄性扩散特征。对于一雄多雌制物种，种群中只有占优势地位的部分雄性才能参与交配繁殖进行基因传递，而大多数雌性成年个体一般均能参与繁殖，所以一般认为雌性个体的数量对种群增长具有关键性作用。而本文指出的东北马鹿多发生偏雄性扩散的模式，其雄性个体对种群间的基因传递和调控遗传分化具有重要的作用，并且一雄多雌婚配制度的种群结构中雄性比例较低，因此建议在未来种群整体的保护过程中应更加给予雄性个体重点关注。

7.4.3 偏性扩散检测方法及结果分析

本文主要采用了6种分析方法对东北马鹿偏性扩散模式进行了评价，分别是采用不同遗传方式的分子标记（mtDNA和微卫星）在种群间遗传分化的差异，以及基于微卫星数据的遗传距离、遗传分化指数、亲缘关系、分配检验和空间自相关等方法研究其在雌雄个体和种群上的差异。其中，mtDNA与微卫星数据使用种群间遗传分化的差异、各种群内个体间的亲缘关系和空间自相关分析等方法检测到明显的偏雄性扩散模式，而在遗传距离、遗传分化指数和分配检验等方法的结果中也呈现一定的偏雄性扩散模式，但雌雄差异并不显著。相关研究结果表明，在偏性扩散的推断中没有哪一种方法绝对可靠，只有多种方法得到较为一致的结果时，最终的结论才可能会更加有力。

对于mtDNA和微卫星在种群间遗传分化差异的比较中，两种分子标记都检测到东北马鹿种群极显著的遗传分化（详见第5部分内容），但mtDNA控制区的F_{st}［nu］明显高于微卫星的F_{st}（2.35倍）。其中在15个种群对中，有11个种群间均呈现控制区明显大于微卫星（1.2～4.0倍），并且整体种群对的控制区与微卫星间呈现极显著的差异（$P<0.01$），也因此支持了东北马鹿呈偏雄性扩散模式的结论。值得注意的是，本文所述各局域种群间空间尺度较大，呈现的差异代表了马鹿长期扩散行为的结果，而不是近期的扩散情况。这种在空间大尺度上比较不同标记的方法会受到种群历史动态的影响，如瓶颈效应。在本文第4部分研究中发现，东北马鹿各局域种群都曾发生过不同程度的瓶颈效应，由于母系遗传标记对种群数量减少事件更为敏感，与核DNA相比mtDNA保留下来的单倍型会变少，但是这种瓶颈效应通常会造成种群间mtDNA遗传分化的降低。同时，此方法的结果也会受到遗传标记不同突变率的影响，但是并不能排除主要是由于东北马鹿的偏雄性扩散模式而形成的这种差异。

对于亲缘关系分析，各局域种群内的个体间平均亲缘系数 r 都呈现雌性大于雄性，并且整体上呈现显著性的差异（$P<0.05$），支持东北马鹿呈偏雄性扩散模式的结论。其中，高格斯台和黄泥河种群内的这种差异达到了极显著水平，穆棱种群内也接近显著水平，但是双河、铁力和方正种群内的雌雄差异并不显著。由于本文中采取非损伤性取样，仅根据马鹿的粪球大小可能无法准确判断它们的年龄，那些随母鹿活动的仔鹿（<0.5岁）、幼鹿（0.5～2.5岁）和正在扩散的雄性个体，会对所得出的扩散模式结果造成一定影响，这样会降低雄性的 r 值，这可能是双河、铁力和方正种群内雌雄差异不显著的一种原因。

在个体空间自相关分析中，雄性个体在0.4km近距离等级内同样出现显著的正相关，也可能是受到上述未进行扩散的雄性个体影响，当然也可能是有些雄性个体并没有发生扩散，毕竟偏雄性扩散并不代表所有的雄性个体都发生了扩散，而是只代表雄性个体扩散的比例及距离大于雌性。与亲缘关系分析相似，空间自相关分析引入了距离等级从而在精细尺度上评价个体间的遗传相似性。空间自相关分析也进一步指出雌性个体在近距离等级内（<3.6km）存在较高的遗传相似性，雄性个体却没有，而是主要在较远的3个距离等级上存在一些数量遗传相似性相对较高的个体，因此空间自相关分析也进一步支持了东北马鹿种群的偏雄性扩散模式。

对于遗传距离分析，各种群整体上虽然呈现雄性大于雌性，但差异性并不显著。在各局域种群内，其中有4个种群（双河、高格斯台、穆棱和黄泥河种群）的个体间平均遗传距离雄性大于雌性，铁力种群的两性结果相近，但方正种群内雄性却小于雌性，这些种群内的两性差异均不显著。从结果上看，也在一定程度上说明东北马鹿种群偏雄性扩散模式的存在。遗传距离的分析方法实际上与个体间亲缘关系的分析方法是一致的，都是检测种群内个体间的遗传相似性的程度，这也是本方法中各种群内两性结果的差异程度与亲缘关系分析结果相似的原因。但是，基于遗传距离分析方法的两性差异不显著可能与此方法检测模型的灵敏度有关，这也是该方法在偏性扩散研究中使用不多的原因。个体间遗传距离更多的是被结合到空间自相关分析中，在精细的尺度内检测，从而减少了大尺度内数据结果波动形成的差异检验不显著。

遗传分化指数代表了种群间遗传差异占所有种群遗传差异的比例，与留居性别相比扩散性别的等位基因频率一致性更高，所以扩散性别的遗传分化指数应低于留居性别。分配检验中主要利用校正分配系数的平均值（m_{AIc}）和方差（v_{AIc}）来检测研究种群是否存在偏性扩散，分配系数的分布中心点为零，正值表示该基因型出现在抽样中的概率较高，该个体可能为留居个体；负值表示该个体可能是一个扩散过来的个体。因此倾向于扩散性别的 m_{AIc} 应该比留居的性别小，扩散性别既包括本种群的个体也包括外来的个体，其分配系数的方差 v_{AIc} 要比留居性别的要大。我们发现：基于微卫星遗传分化指数 F_{st} 和 Φ_{st}，种群整体上两个参数均呈现雌性大于雄性；基于分配检验，种群整体上 v_{AIc} 为雄性大于雌性，但 m_{AIc} 也呈现雄性较大。检测结果提示，东北马鹿种群整体上可能存在有限规模的偏雄性扩散，但结果的两性差异并未达到显著水平。

Goudet 等（2002）通过数据模拟对上述两种方法的检测能力和实用条件进行了比较分析，指出利用这些方法分析种群扩散模式的前提是：①扩散个体未发生繁殖；②在扩散之后采样。检测使用的微卫星双亲遗传标记，扩散个体开始繁殖会将所有相关位点同时传递给雄性和雌性后代，那么扩散性别的特异性检测信号将被弱化。由于非损伤性取样很难准确判断个体年龄，因此也就无法排除没有扩散的亚成体和正在扩散个体的干扰。同时，要求比较充分的采样量，来提高检验的效力。只有在偏性扩散比例较大时，这些方法才能够检测出显著的性别差异，Goudet 等（2002）认为偏性扩散的比例至少要大于 4∶1，在种群总的扩散规模较小时（<10%）v_{AIc}较为敏感，其他情况下遗传分化指数较为有效。Pérez-Espona 等（2010）在苏格兰地区马鹿偏雄性扩散结论中，呈现出两性 F_{st}结果的显著性，m_{AIc}和 v_{AIc}却不显著。由于我们未能有效排除未发生扩散个体的干扰、检测样本量有待增加、种群间空间尺度较大而形成扩散规模较小等原因，导致了遗传分化指数和分配检验两种方法在东北马鹿种群偏雄性扩散结果分析中的不显著。

7.4.4 东北马鹿偏雄性扩散的可能进化机制

对动物偏性扩散的解释目前已提出相关假说，主要有近交回避假说、资源竞争假说、配偶竞争假说和雌性择偶假说。这些假说互不排斥，由于东北马鹿各局域种群的历史动态、种群密度、种群结构和生境质量等的不同差异，这些因素及雌、雄行为的相互影响，最终决定了个体的扩散行为。东北马鹿偏雄性扩散模式的形成，可能受多种演化机制的影响。近交回避被认为是导致哺乳动物偏性扩散的重要原因。野外研究表明在东北马鹿种群中，仔公鹿最初与母亲一起生活在母仔群中，幼鹿时期会主动离群或被发情公鹿驱赶，与其他幼公鹿一起进入公鹿群。性成熟的成年公鹿大部分时间内随公鹿群活动，在发情交配时期大部分成年公鹿会侵入母仔群或混合群争夺交配权。

Jarnemo（2011）对瑞典南部马鹿发情季个体扩散的观察中也发现发情季所有雌性个体在各自发情地区都未发生迁移，雄性马鹿在非发情季大部分时间都在发情地区以外的地方活动，而在发情之后会返回到这些发情地区。在发情季，不同发情地区的雄性马鹿频繁交换。上述雄性马鹿交配后离开交配群，而雌性马鹿独自生育和抚幼，亚成体雄性离开母系群（出生扩散），成年雄性在不同繁殖群间频繁扩散和交换（繁殖扩散）等，这种偏雄性扩散是最有效的避免近亲繁殖的方式。在一雄多雌制的马鹿种群中雄性个体比例较低，雄性发生近亲交配和繁殖将付出更高的代价，将会大大降低种群的适合度。受人类活动的长期严重干扰，东北马鹿各局域种群仍未发生近亲繁殖（详见第 4 部分内容），可能也是得益于偏雄性扩散模式的影响。

资源竞争可能是形成偏雄性扩散的另一个主要原因，雌性马鹿独自生育和抚幼，而雌性选择留居本地熟悉的环境中，更能提高繁殖成功率。上述的瑞典南部马鹿在发情季雌性个体在各自发情地区均未发生迁移；在挪威 Snilfjord 地区 20 年马鹿种群数量更加 6 倍的前提下，Loe 等（2009）基于标记重捕数据发现，雄性扩散距离和扩散率受种群密度的显著影响，雌性却不受影响。这种雌性马鹿对繁殖地的高度依赖，也可能驱使了雄性马鹿的扩散行为。研究表明，避免或降低配偶竞争是导致哺乳动物偏性扩散最常见的因素，一雄多雌制交配系统内雄性间的配偶竞争可能更加激烈，因此对配偶的竞争可能是偏雄性扩散中最重要的选择压力。为了获得交配权和控制繁殖群，雄鹿间常进行十分激烈的角斗，取得较高等级序位的获胜雄鹿侵入繁殖群，经常伴有吼叫和蹭啃树干或树枝等行为，以示标记驱赶其他雄鹿。这种对配偶的激烈雄性竞争，驱使序位低的雄性个体发生扩散寻求可能的繁殖机会。

在对瑞典南部发情季马鹿扩散的观察中也发现，雄性个体向雌性较多和雌性/成年雄性比例较高地区有显著的迁移，且处于统治地位的成年雄性会驱赶其他雄鹿加入此繁殖群，进而使其进入其他群体；而幼鹿和亚成体雄鹿往往不能阻止其他雄鹿的加入，认为配偶竞争驱动了雄性马鹿的繁殖性扩散。Pérez-González 和 Carranza（2009）研究发现，受选择性狩猎的影响，西班牙西南部狩猎场内的马鹿种群中雌性比例明显较高，而幼年雄性比例较高，雄性之间的配偶竞争明显低于典型的马鹿种群。结果表明，在此条件下，马鹿种群扩散是偏向雌性的而非偏向雄性。此外，配偶竞争与雄性扩散呈正相关，与雌性扩散呈负相关。最终认为，如果性别内部竞争水平低则雄性可能不会扩散，而雌性可能会应雄性留居而扩散，该研究也因此提出了雌性择偶假说，以解释雄性留居下的偏雌性扩散。这种缺乏雄性扩散的种群将反过来促使雌性扩散行为的发生，雌性主动扩散可以寻求高质量的雄性，为后代提供更高的遗传优势，也可避免雌性近亲繁殖的发生。

7.5　本章小结

（1）基于巢式 PCR 的个体性别鉴定，成功识别出 167 只个体的性别，东北马鹿种群整体雌雄性比为 2.27∶1，基本符合一雄多雌制东北马鹿种群结构性比。

（2）东北马鹿种群呈现偏雄性扩散模式，符合一雄多雌制哺乳动物常见的扩散特征。

（3）方法上，核与线粒体 DNA 的 F_{st} 比较、亲缘关系和空间自相关 3 种方法检测灵敏度较高，而其他 3 种方法的遗传距离、遗传分化指数和分配检验灵敏度相对较低。

全文结论

保护管理建议

参　考　文　献

陈化鹏，吴建平，张明海，1997. 黑龙江省马鹿［M］. 哈尔滨：东北林业大学出版社.

高惠，2020. 阿拉善马鹿（*Cervus elaphus alashanicus*）种群遗传学及遗传分化驱动因素研究［D］. 哈尔滨：东北林业大学.

胡义波，2008. 凉山山系大熊猫的种群历史、景观与空间遗传格局研究［D］. 北京：中国科学院动物研究所.

蒋志刚，2015. 中国哺乳动物多样性及地理分布［M］. 北京：科学出版社.

刘辉，2017. 东北地区驼鹿种群动态与遗传特征研究［D］. 哈尔滨：东北林业大学.

张于光，李迪强，2015. 濒危动物保护遗传学研究［M］. 北京：中国林业出版社.

Balkenhol N，Cushman S A，Storfer A T，et al，2016. Landscape genetics：concepts，methods，applications［M］. Chichester：John Wiley and Sons Ltd.

Frankham R，Ballou J D，Ralls K，et al，2017. Genetic management of fragmented animal and plant populations［M］. Oxford：Oxford University Press.

Pérez-Espona S，Pérez-Barbería F J，Mcleod J E，et al，2008. Landscape features affect gene flow of Scottish Highland red deer（*Cervus elaphus*）［J］. Molecular Ecology，17（4）：981-996.

Tian X M，Yang M，Zhang M H，et al，2020. Assessing genetic diversity and demographic history of the Manchurian wapiti（*Cervus canadensis xanthopygus*）population in the Gaogesitai，Inner Mongolia，China［J］. Applied Ecology and Environmental Research，18（4）：5561-5575.

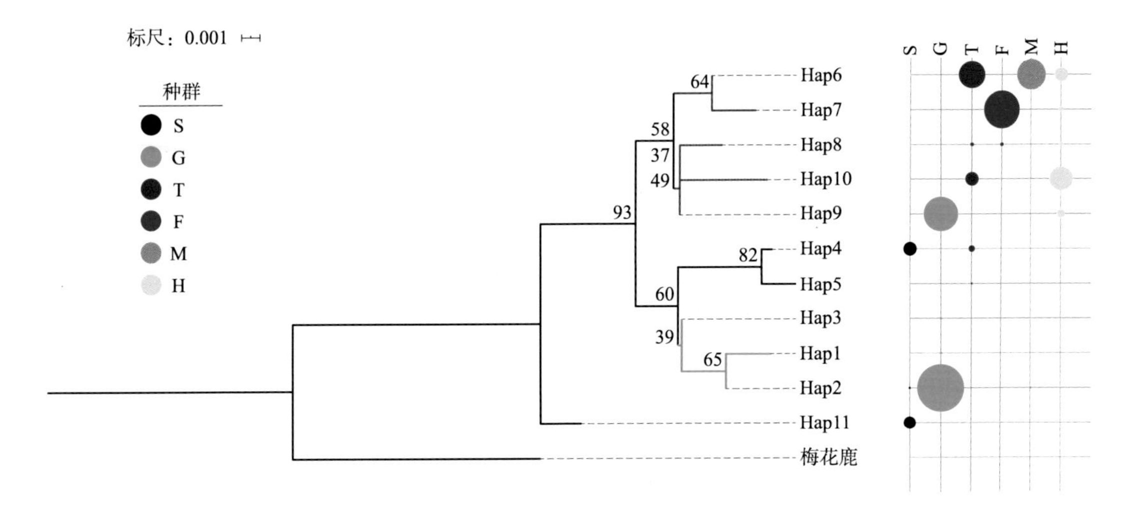

彩图 5-1　基于 *Cyt b* 的东北马鹿单倍型系统发生树（邻接法）

注：分支上的数字表示邻接（NJ）树的自展值，圆形面积代表单倍型频次

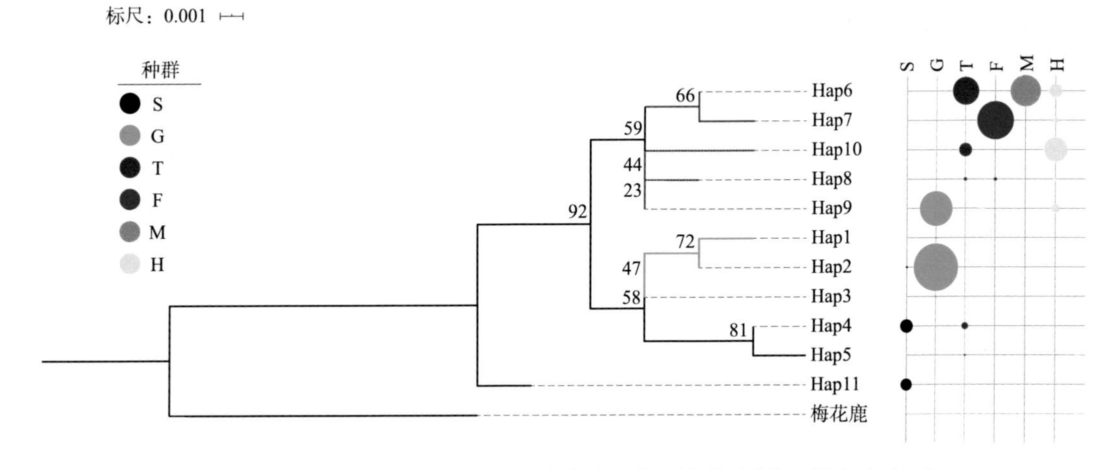

彩图 5-2　基于 *Cyt b* 的东北马鹿单倍型系统发生树（最大似然法）

注：分支上的数字表示最大似然（ML）树的自展值，圆形面积代表单倍型频次

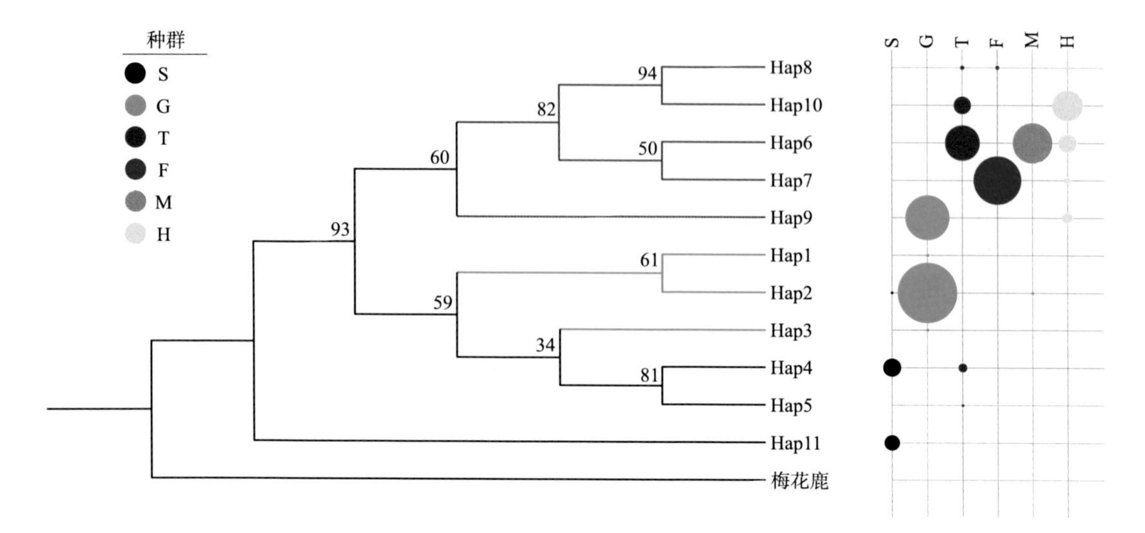

彩图 5-3　基于 *Cyt b* 的东北马鹿单倍型系统发生树（最大简约法）

注：分支上的数字表示最大简约（MP）树的自展值，圆形面积代表单倍型频次

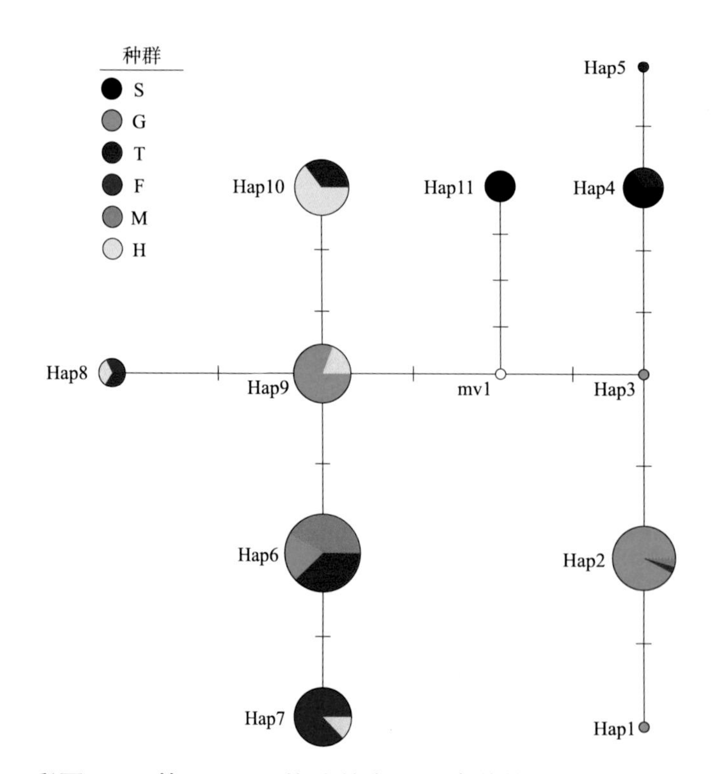

彩图 5-4　基于 *Cyt b* 构建的东北马鹿单倍型网络关系图

注：圆形面积代表单倍型频次，饼图代表共享单倍型，白点代表缺失的单倍型（Hap2 中被鉴定为属于穆棱种群的个体，来自一只野外死亡的马鹿肌肉样本，后经确认，这个样本很可能来自高格斯台种群，而该异常样本并未列入分析）

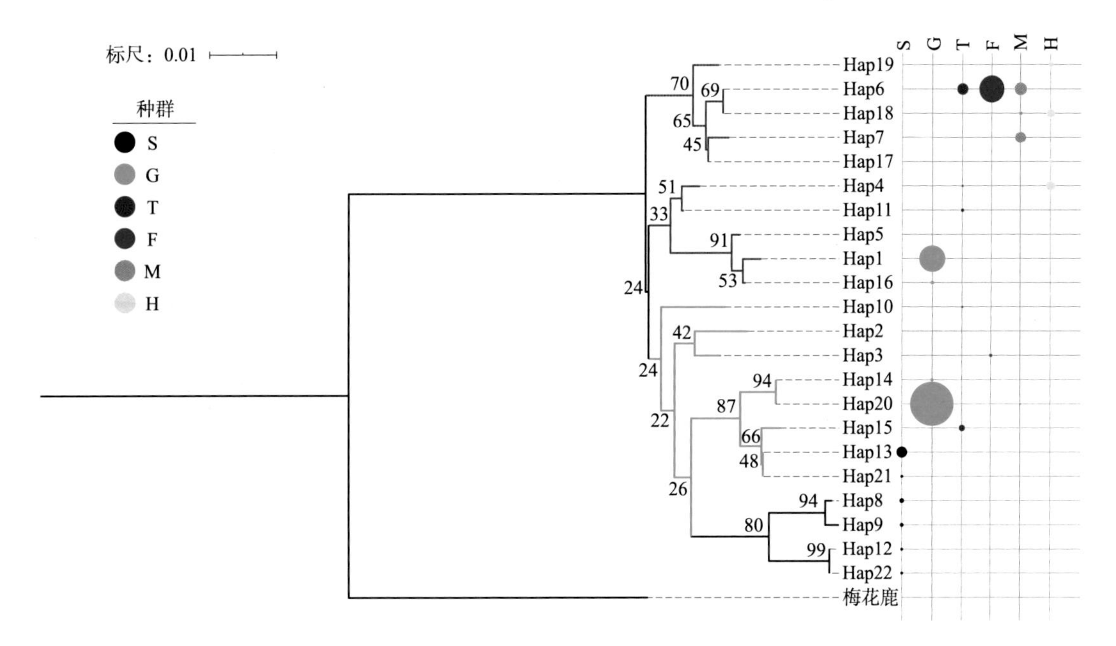

彩图 5-5　基于控制区序列的东北马鹿单倍型系统发生树（邻接法）

注：分支上的数字表示邻接（NJ）树的自展值，圆形面积代表单倍型频次

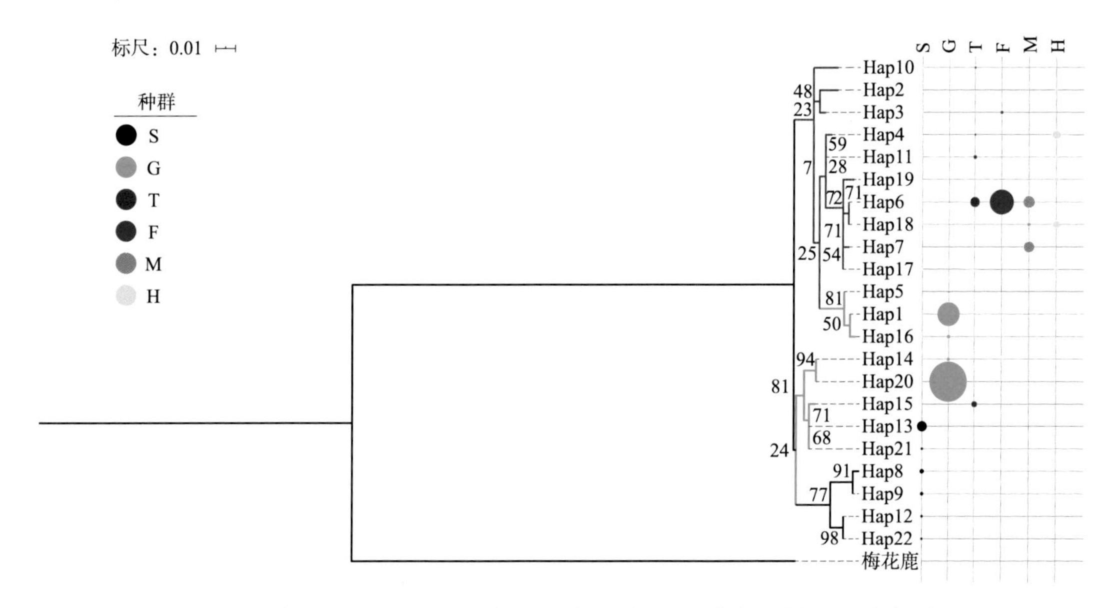

彩图 5-6　基于控制区序列的东北马鹿单倍型系统发生树（最大似然法）

注：分支上的数字表示最大似然（ML）树的自展值，圆形面积代表单倍型频次

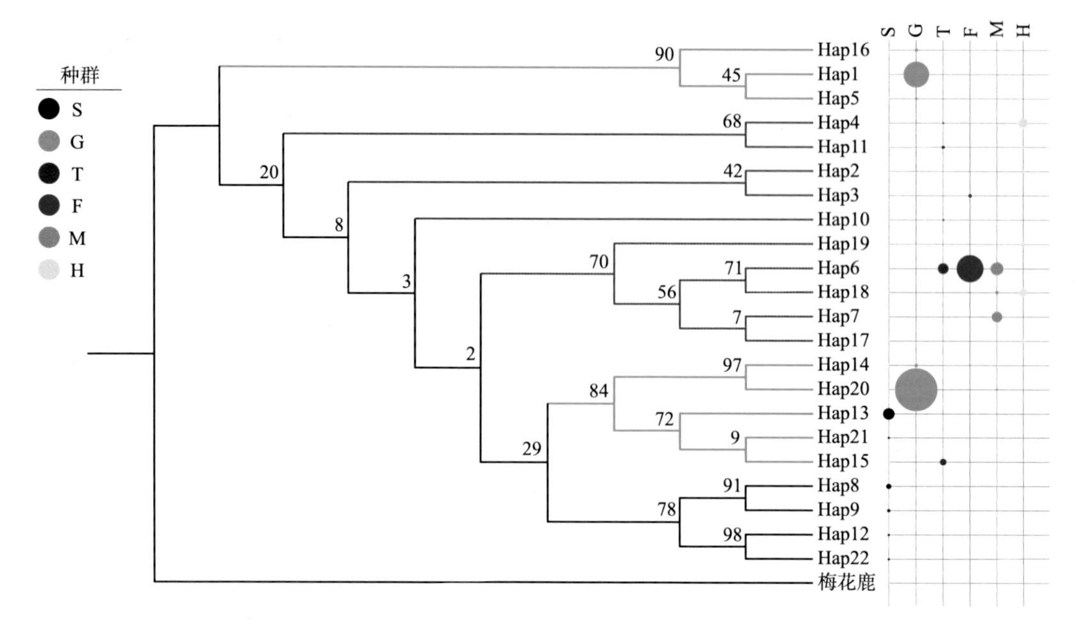

彩图 5-7　基于控制区序列的东北马鹿单倍型系统发生树（最大简约法）

注：分支上的数字表示最大简约（MP）树的自展值，圆形面积代表单倍型频次

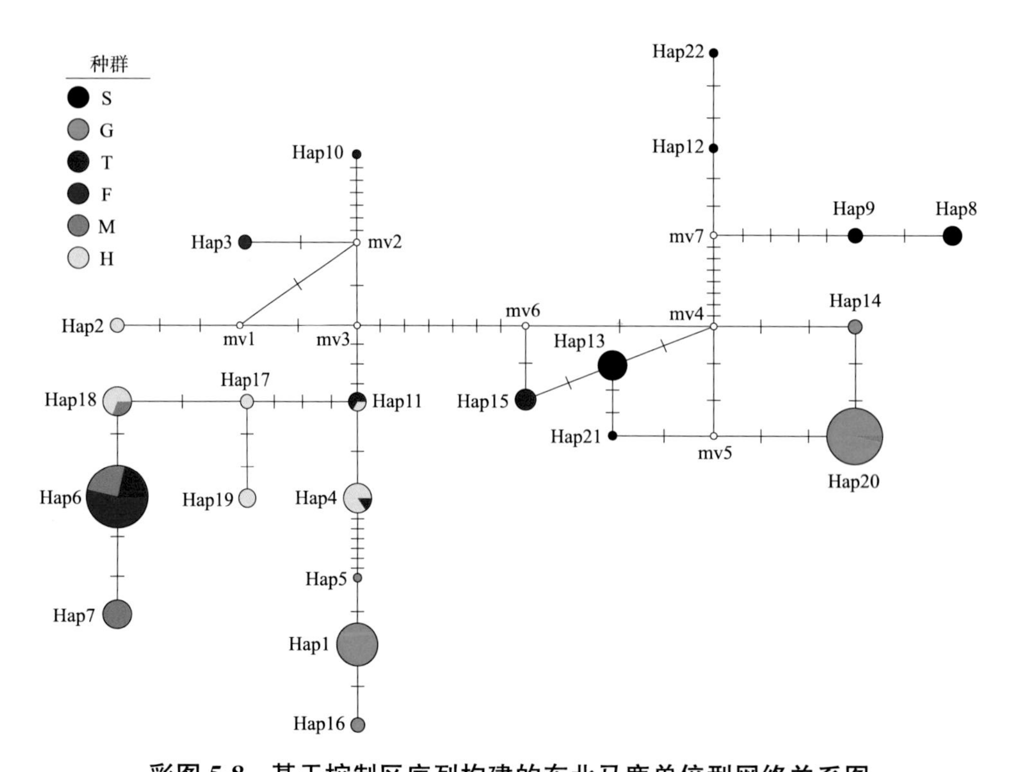

彩图 5-8　基于控制区序列构建的东北马鹿单倍型网络关系图

注：圆形面积代表单倍型频次，饼图代表共享单倍型，白点代表缺失的单倍型

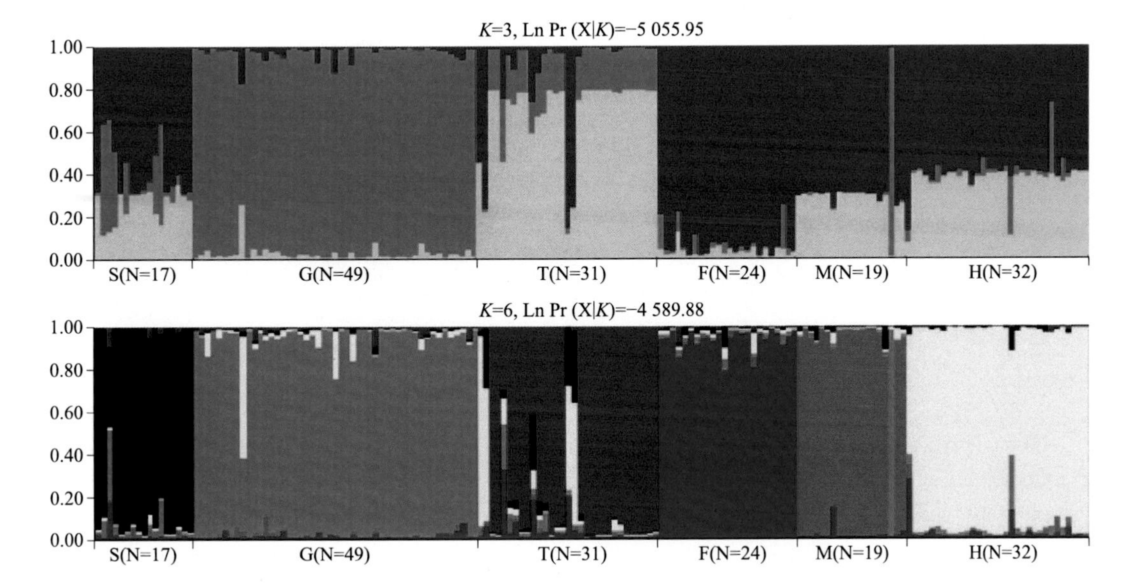

彩图 5-10　基于微卫星数据东北马鹿种群的贝叶斯遗传聚类分析（$K=3$ 和 $K=6$）

注：每个个体（N=172）用一个带有颜色的竖条表示，竖条上不同颜色的比例表明个体分配到各个种群的概率；图底部的字母和数字分别代表取样区和个体数量

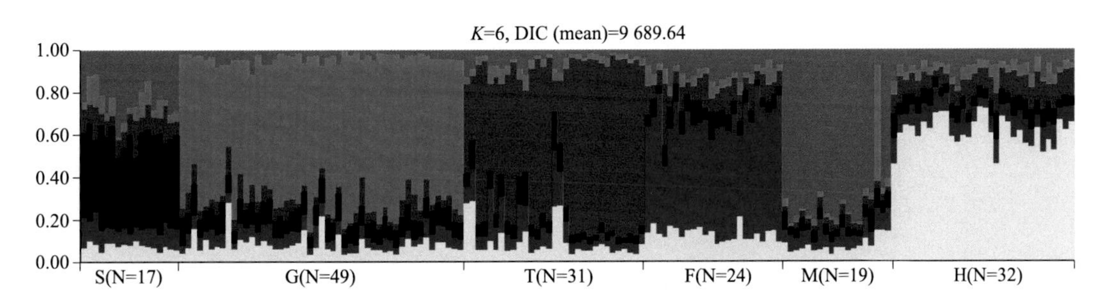

彩图 5-12　基于 TESS 东北马鹿种群的遗传基因簇（$K=6$）

注：每个个体（N=172）用一个带有颜色的竖条表示，竖条上不同颜色的比例表明个体分配到各个种群的概率；图底部的字母和数字分别代表取样区和个体数量

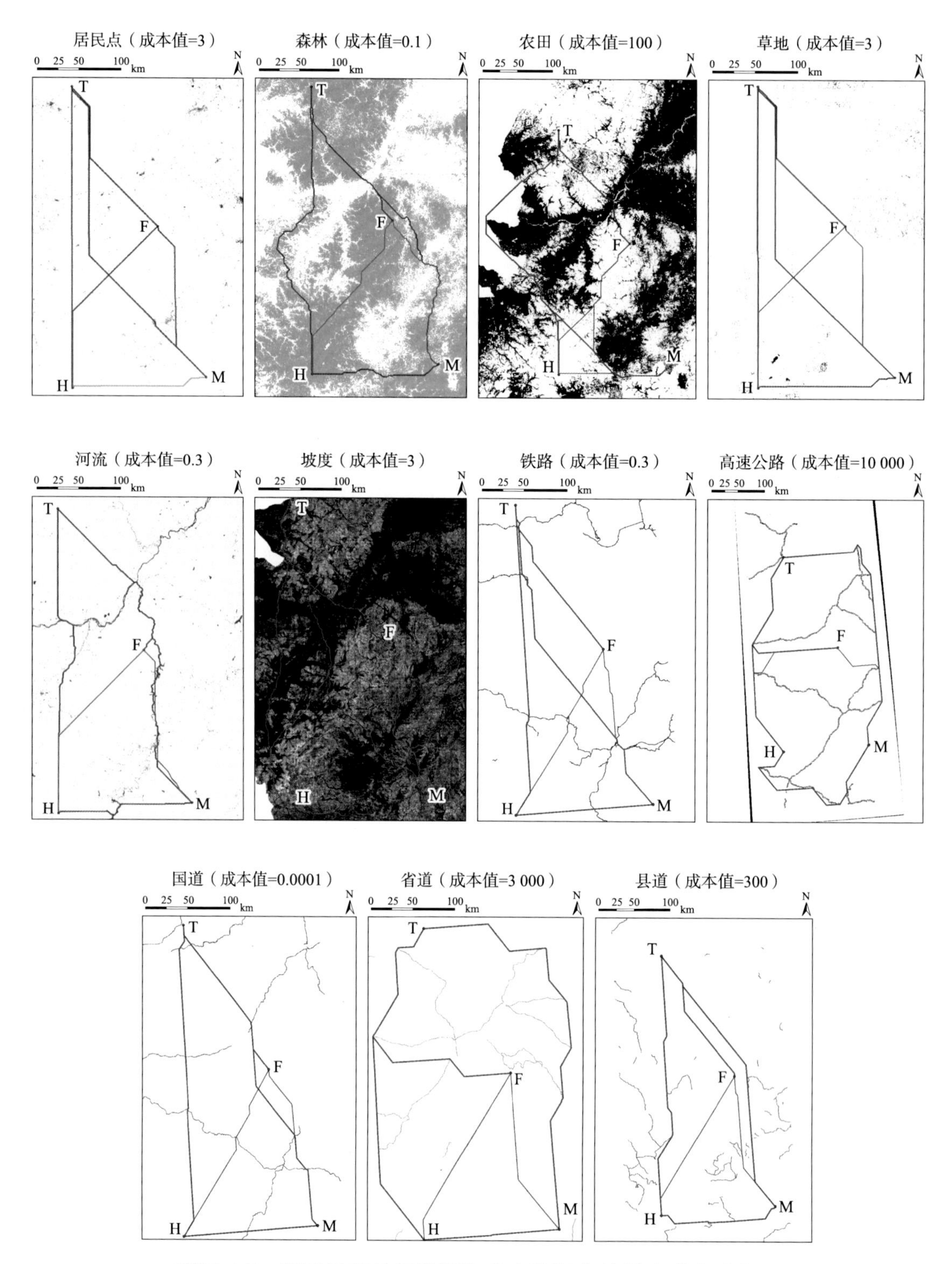

彩图 6-5　基于景观特征的栅格成本值评定的最小成本路径图

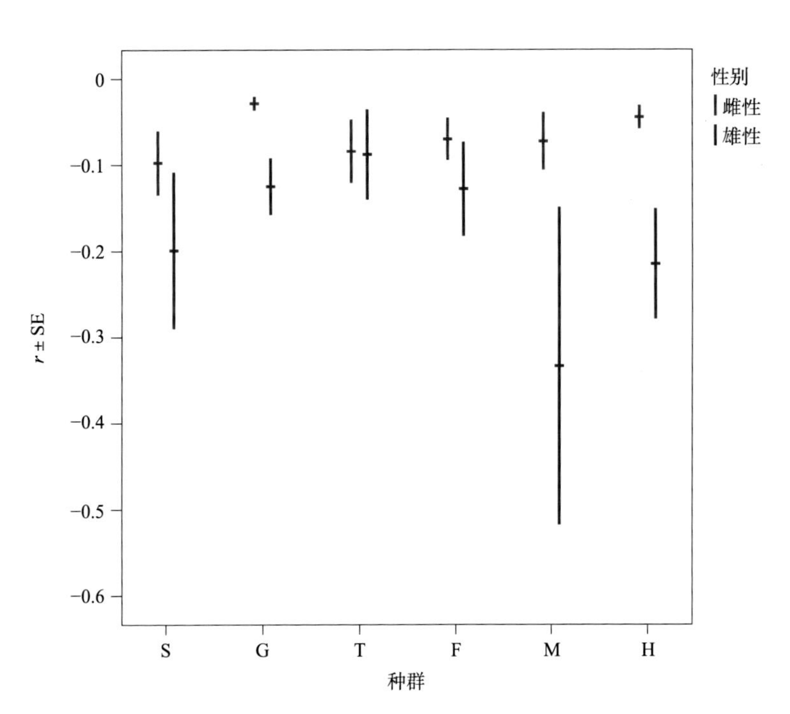

彩图 7-6　6 个局域种群雌雄个体间平均亲缘系数的比较

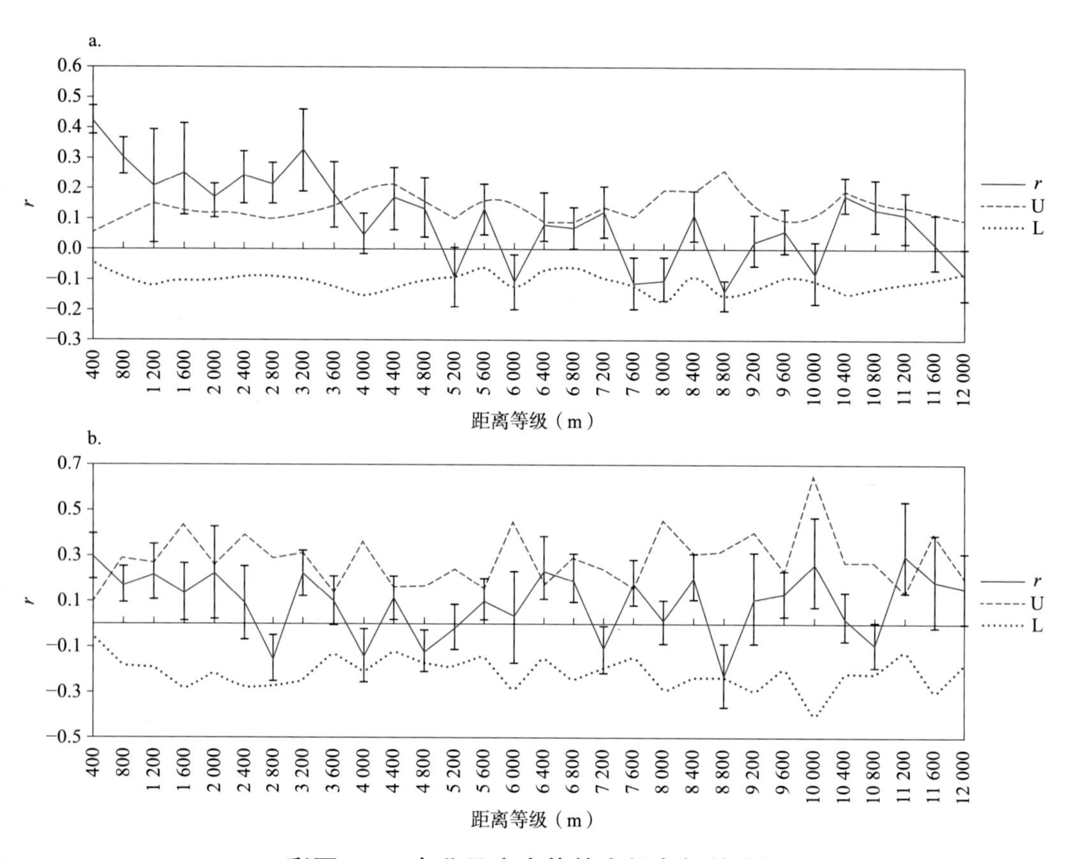

彩图 7-7　东北马鹿个体的空间自相关分析

a. 雌性　b. 雄性

注：*r* 为空间自相关系数；U 和 L 为空间遗传结构呈随机分布的 95%置信区间